老年人表达性艺术
团体心理辅导实操指南

罗京滨　黄伟伟　朱火红　吴雁冰　等　著

中国科学技术大学出版社

内 容 简 介

本书是针对老年人的具有指导性、操作性、实用性的心理健康辅导用书，通过18个完整的团体心理辅导活动来介绍老年人表达性艺术团体心理辅导操作实务。每个活动都详细介绍了活动理念、活动目标、活动规则、活动内容等。

本书的读者对象是老年人以及其他关注老年人心理健康的人士，尤其是老年大学、养老机构、社区老年人活动中心、医院老年科的相关人员，心理学、教育学的专业人员及社会工作者。

图书在版编目(CIP)数据

老年人表达性艺术团体心理辅导实操指南/罗京滨等著．—合肥：中国科学技术大学出版社，2021.12

ISBN 978-7-312-05223-1

Ⅰ.老…　Ⅱ.罗…　Ⅲ.老年人—心理辅导—指南　Ⅳ.① B844.4-62 ② R161.7-62

中国版本图书馆 CIP 数据核字(2021)第101929号

老年人表达性艺术团体心理辅导实操指南

LAONIANREN BIAODAXING YISHU TUANTI XINLI FUDAO SHICAO ZHINAN

出版　中国科学技术大学出版社
安徽省合肥市金寨路96号，230026
http://press.ustc.edu.cn
http://zgkxjsdxcbs.tmall.com

印刷　安徽省瑞隆印务有限公司

发行　中国科学技术大学出版社

经销　全国新华书店

开本　710 mm×1000 mm　1/16

印张　13.25

字数　275千

版次　2021年12月第1版

印次　2021年12月第1次印刷

定价　50.00元

序

“老吾老以及人之老”是中华民族的传统美德。我国自迈入老龄化社会后，人口老龄化的程度持续加深。1996年颁布实施的我国第一部系统保障老年人权益的法律《老年人权益保障法》，对老年人权益进行了全方位的关注和保障。习近平总书记多次对加强老龄工作作出重要指示，把有效应对我国人口老龄化提高到事关国家发展全局、事关亿万百姓福祉的战略高度。老年人是弱势群体，也是庞大的群体。必须有科学的顶层设计，通过各方合作、通力应对，才能改变老年人的现状，实现国际劳工组织提出的“让老年人在有尊严、自由、平等和有保障的条件下，在经济和社会中保持发挥一种积极作用”的目标。

欣闻《老年人表达性艺术团体心理辅导实操指南》即将出版，作为一名关注老年人心理健康、长期从事老年教育的工作人员，有幸先睹为快。这部著作具有几个特点：第一，辅导形式创新。尝试将表达性艺术运用于团体心理辅导的实践。第二，专业理论支撑。团体辅导设计融合了精神分析理论、现象学、格式塔理论、人本主义理论以及心理教育理论等多种心理学理论。第三，多种技术综合。在表达性艺术团体辅导过程中综合运用了音乐、绘画、神话心理剧、舞蹈、套娃等多种艺术治疗形式。第四，辅导对象具有普适性。在罗京滨教授的带领下，研究团队理论联系实际，密切结合老年人的身心发展特点，分门别类，因人施策，以最大限度地满足不同辅导对象的不同需求。

该书是罗京滨教授团队课题研究的重大成果。该书图文并茂，内容丰富，既有课题思考设置，又有辅导过程中的音、视频资料和照片资料，还有课题研究方法及结论等，探索出老年人团体心理辅导研究的新范式，为广大的老年大学、养老机构、社区老年人活动中心、医院老年科、心理学与教育学教师及工作者提供了可复制、可操作的实践模式。

老年人的问题是社会问题,保障老年人活得健康幸福且有尊严,是我们每个人的责任。希望有越来越多的研究者像罗京滨教授团队一样,深入实践,勇于探索,作出更多的老年教育科研成果。同时,也希望广大老年教育工作者牢记使命,不负重托,互联互通,互学互鉴,不断加强与高校以及其他社会资源的合作交流,进一步提高老年教育研究实践水平。

广东省老年大学协会副会长

许光超

2021年7月

前　言

我国从1999年进入人口老龄化社会(所谓人口老龄化,按国际通行的标准是指60岁以上的老年人口占总人口的比例超过10%,或65岁以上的老年人口占7%),2019年,我国60岁以上的老年人有25388万,占总人口的18.1%,其中65岁以上老年人有17603万,占总人口的12.6%,已远远超过了国际通行的老龄化标准。

2013年2月27日,我国第一部老龄事业发展蓝皮书《中国老龄事业发展报告》发布,指出"积极应对人口老龄化"应纳入基本国策。国务院印发的《"健康中国2030"规划纲要》中明确提出要加强健康教育、促进心理健康。习近平总书记在中共中央政治局第三十二次集体学习时强调:"人口老龄化是世界性问题,对人类社会产生的影响是深刻持久的。我国是世界上人口老龄化程度比较高的国家之一,老年人口数量最多,老龄化速度最快,应对人口老龄化任务最重。满足数量庞大的老年群体多方面需求、妥善解决人口老龄化带来的社会问题,事关国家发展全局,事关百姓福祉,需要我们下大气力来应对。"2017年10月18日,习近平总书记在十九大报告中指出,实施健康中国战略,积极应对人口老龄化,构建养老、孝老、敬老政策体系和社会环境,推进医养结合,加快老龄事业和产业发展。

与青年群体相比,老年人群体生活方式较为清闲,退休后的生活会让他们感觉到许多不适,例如,经济收入减少带来的不安全感、角色转变带来的落差感、子女忙于工作带来的孤独感、身体机能衰退带来的恐惧感等,这些不适会给他们带来焦虑、抑郁等心理问题。焦虑、抑郁是老年人常见的心理问题,会严重影响老年人的身心健康,对他们的生活产生不良影响。因此,如何帮助老年群体养成积极的生活方式,提高他们的主观幸福感,提升其生活质量,减少因老化而带来的不良影响是现在社会所面临的一个重要问题。

有研究指出：以团体的形式去影响其个体发生改变，比一对一改变个体更容易，因而近几年把团体心理辅导运用到老年群体以提高其心理健康水平的辅导形式被广泛使用。为此，我们组成了教授、博士团队（共5人），带领5名应用心理学专业大三的学生，建立了10人团体心理辅导小组，并选择了某老干部（职工）大学在读的部分老年人开展团体心理辅导。通过自愿报名的方式，结合报名学员的身体、心理健康状况，最后选取了20名60岁以上的老年人（最小年龄63岁，最大年龄82岁，82岁的陈老先生每次参加活动要由其二女儿陪同）作为辅导对象。每周在固定的时间做一次团体辅导，共进行了18次（一个学期），每次课辅导2小时左右。世界卫生组织关于健康的100%构成要素中，医疗只占8%，遗传占15%，环境占17%，生活方式占60%，因此，我们团体心理辅导的内容重在引导老年人建立健康、幸福老龄化的理念，培养其积极、健康的生活方式以及心理健康自我维护的方法及技巧，采用表达性艺术团体心理辅导形式开展工作。表达性艺术团体心理辅导是将表达性艺术运用于团体心理辅导的一种心理辅导形式，它融合了多种心理学理论，如精神分析理论、现象学和存在主义理论、完型理论、人本主义理论以及心理教育理论等，通过多种艺术活动（绘画、拼贴、音乐、舞蹈、诗歌、心理剧、身体雕塑、写作、讲故事等）形式进行团体辅导。通过18次团体辅导活动，我们的辅导对象体验了各种创作过程，他们表达、感悟自己的生命故事，选择有助于改善心情并且可以实现自己理想目标的行为，去有效地处理各种矛盾、冲突，并从活动中获得了愉悦感和掌控感。这些活动在优化了他们情绪的同时，也激发了他们对生活的热情与活力。

老年人表达性艺术团体心理辅导是我们的研究课题“肇庆市老年人心理健康促进策略研究”（2019年市哲学社会科学规划项目，19YB-05）的主要研究内容，目前已经以优秀等级结项。我们每次的辅导教师至少有1人，通常2～3人，最多时5人全部参加，5名学生在18次团体心理辅导活动中无一人缺席。这些辅导活动在保障辅导效果的同时，也为我们的研究工作获取了大量真实、细致、翔实的资料（辅导过程中的音频、视频、照片等）。我们这样做的目的是创立老年人团体心理辅导模式，再将我们的研究成果编辑成书，以供全国的老年大学、养老机构、社区老年人活动中心、医院老年科，以及广大心理学与教育学工作者、高校心理学教师和社会工作者参考使用。

为了让广大读者可以直观地了解辅导过程，我们还配有大量的实操过程图片以及活动分析、总结等相关内容，将每次活动的过程都做成了“精彩回顾”小视频，读者扫描书中的二维码即可观看。需要说明的是，本书呈现的照片没有进行马赛克处理，均以原貌呈现，这是经我们的辅导对象授权同意的。我们按照著作权法及肖像权法的要求与每位辅导对象都签署了知情同意书，在此，我们要感谢我们的辅导对象对我们工作的认可及大力支持！

本书的作者队伍是一支通力合作的团队。绪论部分由吴雁冰、罗京滨、戴黄艳撰写；活动一由罗京滨、梁筑撰写；活动二由罗京滨、马塘生撰写；活动三由黄伟伟、麦朝峻撰写；活动四由朱火红、陈嘉誉撰写；活动五由罗京滨、方建生撰写；活动六由黄伟伟、黄源河撰写；活动七由吴雁冰、石徐金撰写；活动八由罗京滨、吴胜权撰写；活动九由黄伟伟、朱火红撰写；活动十由罗京滨、梁筑撰写；活动十一由周彩虹、马塘生撰写；活动十二由周彩虹、麦朝峻撰写；活动十三由陈嘉誉、林静撰写；活动十四至活动十八由罗京滨、吴雁冰、梁筑、马塘生、麦朝峻、陈嘉誉撰写。

由于我们的水平有限，书中难免有错误之处，还望广大读者批评指正！

本书能够完成，是与肇庆学院领导及肇庆市老干部（职工）大学领导的大力支持分不开的，在此深表感谢！

本书的出版得到了肇庆学院学术著作出版资助金及肇庆市老年研究会出版经费资助，在此表示衷心的感谢！

作　者

2021年10月

目　录

序 …… (ⅰ)

前言 …… (ⅲ)

绪论 …… (1)

活动一　让世界充满爱——团队建设主题 …… (22)
活动二　让快乐成习惯——认知力训练主题 …… (31)
活动三　让回忆舞起来——认知力训练主题 …… (41)
活动四　让双手动起来——生命意义主题 …… (51)
活动五　让生命树常青——生命教育主题 …… (61)
活动六　让我来告诉你(上)——生命观主题 …… (70)
活动七　让我来告诉你(下)——生命观主题 …… (78)
活动八　让我们爱自己——自我探索主题 …… (86)
活动九　让我们传递爱——自我探索主题 …… (95)
活动十　让季节驻心田——生命教育主题 …… (105)
活动十一　让心灵去畅游(上)——生命意义主题 …… (113)
活动十二　让心灵去畅游(下)——生命意义主题 …… (122)
活动十三　让童年记忆飞——老化态度主题 …… (131)
活动十四　让我们知珍惜——生命教育主题 …… (141)
活动十五　让挫败成资源——挫折应对主题 …… (150)
活动十六　让生如花绚烂——死亡教育主题 …… (160)
活动十七　让“后50”更精彩——老化态度主题 …… (172)
活动十八　让我们齐珍重——应对方式主题 …… (183)

辅导心得 …… (193)
　从第一节课开始 …… (193)
　永恒的回忆 …… (194)
参考文献 …… (196)
后记 …… (199)

绪　　论

一、老年人概述

（一）老年人概念的界定

人的一生要经历婴儿、幼儿、少年、青年、中年、老年等阶段，老年阶段是生命周期的最后一个阶段，在这一阶段的个体被统称为老年人。关于老年人年龄的界定，可以说是一个动态的标准，它随着人类寿命的不断延长而变化着。目前国际规定的老年人的年龄标准是65周岁，而我国《老年人权益保障法》第2条规定的老年人的年龄起点标准是60周岁，也就是说，凡年满60周岁的中华人民共和国公民都属于老年人。

随着社会的不断发展，我国的老年人口在我国总人口中所占的比例在不断增加，截至2019年底，我国60岁以上的老年人有25388万人，占总人口的18.1%，早已进入了老龄化社会(60岁以上人口超过总人口的10%即为老龄化社会)，老年群体已经成为一个不可忽视的群体。

（二）我国老年人心理健康状况现状分析

世界卫生组织指出健康老龄化应是老年人群体达到身体、心理和社会功能的完美状态。随着医疗保健措施健全及科学技术发展，老年人物质生活提高，身体健康问题基本可以解决，而对老年人心理健康问题关注较少，且老年心理学在我国起步较晚，导致该领域的发展跟不上人口老龄化的进程。随着生理机能和心理机能的逐渐衰退，老年人较难应对生活中诸多负性事件带来的压力，容易产生一系列心理问题。

为了有针对性地了解老年人心理健康现状，我们在粤西地区六市(江门、阳江、茂名、湛江、云浮、肇庆)老年大学进行了走访调研，对739名60岁以上老年大学学员进行了问卷调查。本书将结合国内其他学者的研究与我们的调研结果，从认知功能、情绪状态、睡眠质量、生活满意度、人际关系等方面介绍我国老年人心理健康现状。

1. 认知功能下降

人到老年后，感知觉是最早衰退的心理机能。具体表现为视觉退化，听力下降，味觉、嗅觉、触觉逐渐减退。老年人记忆力变化的总趋势是随着年龄的增长而逐渐下降。随着社会生活阅历的丰富，各方面能力的不断积累，他们表现得更稳重和智慧，但思维能力却存在普遍下降的趋势，如思维比以前迟缓，反应速度不如以前等。有些老年人出现记忆障碍、注意力难以集中、持久性差的表现，较为严重的是"老年痴呆"。

2. 焦虑、抑郁

老年人年龄渐长，身体机能慢慢下降(视力下降、听觉迟钝、动作反应缓慢)，对一些生物性衰老与健康状况的自然下降认识不够，担心自己年老多病，顾虑中风瘫痪无人侍候等，常常感叹自己已到"风烛残年""半截身子已进黄土"的时期；患有慢性病的老年人，要持续治疗、服药，需要承担较大的经济压力，所有这些衰老变化都可能引起老年人焦虑、抑郁。有些老年人看到亲朋好友病逝，感到极度悲伤，总觉得别人的今天就是自己的明天，如若身体稍有不适，便会更加焦虑、抑郁。

3. 孤独感

老年人退休后渐渐远离了熟悉的社会圈子，社会生活的范围慢慢变小，面对角色变化，要改变并建立新的生活秩序和生活模式，较难调整和适应，可能会出现"退休综合征"，表现为孤独、失落、抑郁和烦躁等负性情绪，有的伴有食欲不佳、睡眠不宁和容易疲劳等不适感。资源和社交能力的衰退限制了老年人的社会活动，使老年人更加依赖于家庭功能，若子女远走高飞或另立门户，老年人独居"空巢"，极易产生孤独、被遗弃的心理；即使老年人与两代人或三代人住在一起，但年龄的差异也使他们在兴趣、爱好等许多方面有差异，出现代沟。此外，很多研究都发现家庭完整是老年人具有积极意义的心理支持和基础，丧偶是最严重的负性生活事件与负性体验，时间一长则容易产生"与世隔绝""孤立无援"的心境，会出现悲观失望，甚至产生抑郁、绝望的情绪。

4. 睡眠质量问题

睡眠质量是衡量个体生活质量高低的重要指标，它不但影响老年人的日间功能且直接影响老年人的身心健康状况。莎士比亚曾把睡眠比作"生命筵席上的滋补品"，可见有良好的睡眠才能有健康的人生。由于老年人的生理特点，会出现睡眠周期渐渐缩短、夜间睡眠比较浅、容易惊醒等问题。随着年龄的增长，老年人体内的一些激素，例如去甲状腺肾上腺素和肾上腺素可能分泌异常，会引起睡眠障碍。由于睡眠障碍，出现晚上不能正常入睡、白天注意力不集中、记忆力衰退、精神抑郁、生活质量下降等情况，进而由此导致精神疾病的发生。

5. 生活满意度下降

生活满意度是指个体对自己生活质量的主观体验，是心理健康的重要指标之一。老年人群是一个弱势群体，随着年龄的增加，其健康情况、经济收入、社会地位等都会有不同程度的降低，生活质量逐渐下降，特别是身患疾病的老年人，需要花费较多资金用于疾病治疗，容易对现状感到不满意。同时，身患疾病会影响老年人日常活动能力，若老年人不能处理生活中的基本事宜，就容易在心理上感到自己是负担，产生无价值感、无意义感，引起焦虑、抑郁情绪，降低生活满意度，从而降低心理健康水平。

6．人际关系紧张

老年人由于脑组织萎缩、脑细胞减少、脑功能减退而导致智力水平有所下降、记忆力减退、敏感、多疑、爱唠叨、对人不信任、斤斤计较等，造成其与家人及周围人沟通困难，导致人际关系紧张。

二、为什么要对老年人开展表达性艺术团体心理辅导

（一）表达性艺术团体心理辅导简介

关于艺术治疗，最早可以追溯到古代，但真正使艺术治疗成为一种基本的治疗方式的是美国心理治疗师和教育家玛格丽特·南伯格。目前艺术治疗模式可以分为个体、团体、伴侣、家庭等，其所使用的艺术形式包括绘画、音乐、舞蹈、戏剧、诗歌、说故事、即兴写作等，这些形式各异的艺术形式后来被总称为表达性艺术治疗。表达性艺术团体心理辅导是将表达性艺术治疗技术运用于团体心理辅导中，通过音乐、舞蹈、绘画、诗歌、叙述、散文、宗教、心理剧、民俗以及仪式化等形式，在追求艺术美的同时，发挥表达性艺术治疗的多元功能，唤醒团队成员的无意识，激活团队成员的原始动力，并且通过成员之间的能量传递与渗透，赋予艺术元素以特殊的心理意义，最后在整合心理资源、拓展心理空间的过程中，达到以心灵成长为目的的心理咨询模式。简单来说，就是把表达性艺术运用到团体辅导中去，让来访者在一个具有支持性、容纳性的环境中去洞悉自己、表达自己，从而促进自己更好地成长。与其他心理辅导形式相比，表达性艺术团体心理辅导具有几项特点。

首先，它是一种通过非语言的沟通方式去表达辅导对象自己，多种艺术形式可以自由切换，可以突破不同辅导对象在年龄、语言、认知范围与艺术技能等方面的限制。例如幼儿的语言表达能力尚未发展完善，患有语言表达障碍的人难以用语言去表达自己的想法，因而以艺术形式作为辅导媒介的团体心理辅导，则很好地弥补了他们在语言表达上的不足，表达出其最真实的内在。其次，情绪状态并不是逻辑性的，有时候我们难以用语言去准确表达我们的情绪，反而用象征性和非语言性

的方式则能准确地表达真实的情绪。与此同时，表达性艺术团心理辅导可以减少辅导对象的心理防御，更利于辅导者收集真实信息，有针对性地设计辅导方案，使辅导对象获得最大程度上的帮助。

艺术创作的过程也有治疗或者自我疗愈的作用。辅导者不关心视觉上的美感、文字的语法和风格，而更关心辅导对象是否是全身心投入到艺术创作中。在表达性艺术团体心理辅导中，辅导者会通过使用艺术形式使辅导对象去表达、释放和放松，使他们的情绪处于平和的状态。值得注意的是，在使用某一种艺术形式的治疗技术时，可能辅导对象并不擅长该艺术创作，会拒绝参与到活动中，此时辅导者则要说明在心理辅导中的"艺术创作"没有好坏之分，它只是一个表达自己的符号，在创作过程中不以创作完美的艺术作品为最终目的，因而对最终呈现的作品，所有人不会作任何的评价。

艺术作品所表达的内容可以是意识层面的，也可以是潜意识层面的，它可以促进意识和潜意识进行整合。动作、绘画、写作、音乐、冥想等辅导形式与言语咨询相比，它们更容易接近潜意识，可以迅速触及言语咨询无法触碰的内容，使我们看到自己尚未被认知的方面。人本表达性艺术治疗基本信念为：相信每位辅导对象均有与生俱来的能力实现自我引导，当个体在一个安全支持的环境中时，可以透过外在的创作形式来表达内在的情感，发现自己深层的情绪，提供机会增强自己的力量。

辅导过程中所创作的作品可以作为诊断评估的辅助指标，艺术作品不仅可以帮助辅导对象表达自己的情绪、情感，也是辅导对象与辅导者沟通的桥梁。辅导者通过观察辅导对象艺术创作的过程，以及其最终作品的呈现，洞察辅导对象的内在表现，辅导者通过整合收集到的信息，对辅导对象作出一个综合性的评估。

许多研究表明，老年人群体容易出现各种各样的心理问题，如上面我们述及的认知功能、情绪状态、睡眠质量、生活满意度、人际关系问题等。表达性艺术团体心理辅导通过非纯口语的沟通技巧来介入辅导对象的情感，让他们去表达并释放自己的情绪，解决自己的困扰。与此同时，当辅导对象进入到团体中时，形成的团体动力也可以促使辅导对象发生改变，发现其人生价值，改善人际关系，提高心理健康水平，最后以更积极的心态去看待老化和死亡，对未来生活充满希望。

（二） 对老年人开展表达性艺术团体心理辅导的意义

伴随着我国老年人口规模的不断扩大，老年人对健康服务的需求日益迫切。何谓健康？世界卫生组织最新的健康定义是：健康乃是一种在身体上、心理上的完满状态以及良好适应力，加之道德的健康及生殖健康。近几年国家除了关注老年人的身体健康之外，也致力于提高他们的心理健康水平。国务院下发的《"十三五"国家老龄事业发展和养老体系建设规划》中明确指出："要加强老年人精神关爱，依托专业精神卫生机构和社会工作服务机构、专业心理工作者和社会工作者开展老年心理健康服务试点,为老年人提供心理关怀和精神关爱。”因而对老年群体进行团体辅导是顺应时代发展潮流的,可以满足他们对心理健康方面的需求。

以表达性艺术为媒介对老年人群体进行团体心理辅导,皆因表达性艺术团体心理辅导的实用性强,在某些领域也取得了一定的成效。例如,侯祯塘等(2010)研究指出,团体艺术治疗活动可以增进儿童对同学的接纳度,促进儿童之间的互动关系,提升他们的自信与沟通表达能力。高慧等(2016)的研究证明了表达性艺术团体治疗在一定程度上可以改善慢性精神分裂症患者的精神症状,提高药物治疗的疗效,增强其社会功能及自尊。王霞等(2017)发现,通过表达性艺术团体治疗可以减少护士团队中重度职业倦怠的人数,可以有效减少个人情感耗竭及工作冷漠感的体验,从而减少职业倦怠感。上述研究表明,表达性艺术团体心理辅导在儿童、青壮年等群体的相关研究中均有不错的成效,对提高他们的心理健康水平有一定的帮助,但国内关于把表达性艺术治疗运用到老年人团体心理辅导中的研究还比较少。

与青年群体相比,老年群体生活方式更为清闲,退休后的生活会让他们感觉到许多不适应。例如,经济收入减少带来的不安全感、角色转变带来的落差感、子女忙于工作带来的孤独感、身体机能衰退带来的恐惧感等,这些不适应会给他们带来焦虑、抑郁等心理问题;丧偶、亲近好友离世等负性生活事件的发生,也会对老年人的心理健康产生不良影响。因此,关注老年人心理健康,帮助老年人群建立积极的生活方式,提高他们的主观幸福感,提升其生活质量,减少因老化而带来的不良影响是现在社会所面临的一个重要问题。

回顾国内对于老年人的心理健康的研究,可以发现实践研究相对较少。王平和吉峰等(2014)研究表明,团体心理辅导可以有效改善敬老院老人的孤独感,提高老人的社会支持水平;叶静雯等(2019)研究发现,萨提亚治疗模式的团体辅导方案有助于降低老年人的孤独感水平,提高老年人的自尊感水平,可以作为有效的干预方案对同类型老年人进行干预。基于上述所分析的团体心理辅导在老年人群体中的运用和表达性艺术团体心理辅导在其他群体中的应用所取得的研究结果,可以推论出表达性艺术团体心理辅导对于老年人群体应该有效。因此,我们也依据所招募的辅导对象的心理健康现状以及表达性艺术团体心理辅导的相关理论,有针对性地对辅导对象进行了 18 次团体辅导活动,以期改善他们在知、情、意、行等方面存在的问题。

其次,国务院印发的《“十三五”国家老龄事业发展和养老体系建设规划》明确指出:“要落实老年教育发展规划,创新老年教育发展机制,促进老年教育可持续发展,支持鼓励各类社会力量举办或参与老年教育。”我们在肇庆市老干部(职工)大学以开班授课的形式对 20 名老年人进行表达性艺术团体心理辅导,为老年大学的课程设置、优化以及老年人的再教育提供了一个新的方向。我们有针对性地设计每一次的辅导方案，不仅探索出在老年大学开展表达性艺术团体心理辅导的模式，同时将该方案编辑成书，可以供相关老年教育工作者在进行老年人心理健康教育研究时参考使用，也为后续心理健康教育的相关课程走进老年再教育体系提供了教学参考。

最后，当下国内不少年轻一代对于心理咨询、心理辅导等词语仍存有偏见，更不要说上了年纪的老年人。在许多老年人（尤其是生活在农村的老年人）看来，心理排查、心理咨询、心理辅导几乎等同于心理有疾病，这也为国家推进老年人心理健康相关工作加大了难度。因此选择在老年大学进行表达性艺术团体心理辅导，一方面为部分老年人解决他们可能存在的心理问题或者预防其心理问题的发生，另一方面，也间接地促进了这部分老年人对心理健康重要性的认识，改变他们对心理辅导的偏见，通过他们去影响身边朋友对心理辅导的看法。

三、老年人表达性艺术团体心理辅导的方案设计

（一）老年人表达性艺术团体心理辅导的原则

1. 守时原则

守时原则指的是辅导对象要按时参加每一次的表达性艺术团体心理辅导活动，不迟到、不早退，而且在活动过程中，要求所有的辅导对象把手机关机或者设为静音模式，集中注意力，积极参与到活动中。

2. 主体性原则

主体性原则要求我们在制订辅导方案时，要以辅导对象的需求为出发点，针对辅导对象存在的实际问题进行辅导。同时，在辅导过程中要鼓励辅导对象发表自己的看法，通过间接性的启发、引导，帮助辅导对象去领悟，找出解决问题的方法。

3. 可操作性原则

可操作性指的是便于操作或者是实施的可能性高，避免出现不符合辅导对象情况的活动目标或活动内容。老年群体是一个特殊的群体，他们会因为身体机能的限制而无法参与到许多活动中，因而在设计活动目标及内容时，要充分考虑辅导对象的具体情况。

4. 预防与发展相结合原则

心理辅导分为三个层次：预防性辅导、发展性辅导和矫治性辅导。预防性辅导是指帮助辅导对象学习掌握有关生活中如何面对困难等方面的一些知识和技能，学会与人交往；学会自主应付由挫折、冲突、压力、紧张等带来的种种心理困扰。发展性辅导是心理辅导的核心，是指帮助辅导对象尽可能圆满地完成其心理发展课

题，妥善地解决心理矛盾，更好地认识自己和社会，开发潜能，促进其个性的发展和人格的完善。矫治性辅导是指矫治辅导对象当前不适当的行为，帮助辅导对象排除或化解持续的心理紧张或各种情感冲突。在辅导过程中，既要注重帮助辅导对象学会自主应对各种心理困扰，降低心理疾病发生的可能性，同时也要引导辅导对象发现自己现阶段的人生价值，规划自己的老年生活，使自己的生活变得充实且有意义。

5. 保密原则

保密原则是心理辅导中最重要的原则，也是我们在活动过程中反复强调的原则。所谓保密，指的是在团体辅导活动过程中出现的个人隐私问题，辅导对象都不得在团体辅导以外的任何场合谈及。其目的是降低辅导对象的心理防御，以更开放的姿态参与到活动中，以便更深入地发现、解决自身存在的问题。

6. 主动自愿原则

不管是报名参与本次团体辅导活动，还是在团体辅导活动过程中的分享，我们均以主动自愿为原则，让辅导对象主动参与、主动分享，为表达性艺术团体心理辅导后续活动的开展奠定良好的基础。

（二）老年人表达性艺术团体心理辅导的目标

老年人表达性艺术团体心理辅导的总体目标为：首先，训练辅导对象的注意力、反应力，提高其认知能力，延缓他们老化的速度；其次，引导辅导对象进行自我探索，让其发现自己生活中的资源以及自己内在需求，进而利用自己拥有的资源去满足自己的需求；第三，通过一系列的活动，引导辅导对象学会并提高其面对困难与挫折时的适应能力与积极的应对方式，弱化负性事件带来的不良影响；第四，让辅导对象去发现生命的意义，并对自己未来的老年生活进行规划，让他们对未来充满希望；最后，帮助辅导对象树立积极的人生态度，坦然地看待死亡，以积极的角度去看待老化，提高他们的主观幸福感。

（三）老年人表达性艺术团体心理辅导的理论基础和方法

1. 表达性艺术团体心理辅导的理论基础

表达性艺术团体心理辅导是将表达性艺术运用于团体心理辅导的一种心理辅导形式，它融合了多种心理学理论，例如，精神分析理论、现象学、格式塔理论、人本主义理论以及心理教育理论等。团体辅导过程中所使用的全部方案，均是建立在这些理论的基础上设计的。

（1）精神分析理论

心理治疗师和教育家南伯格根据弗洛伊德的思想提出了“动力取向艺术疗

法”，她认为艺术可以把意识和无意识联系起来，成为自我允许意识“听到”无意识声音的窗户，她的理论侧重于通过艺术使无意识意识化。在团体辅导中，艺术创作可以降低辅导对象的防御心理，有利于团队关系的建立。除此之外，艺术创作也可以使辅导对象潜意识中的内容自然地浮现，而辅导者通过观察辅导对象的艺术作品，通过一系列的方法和手段，帮助辅导对象把潜意识的内容意识化，促进其人格的整合。

（2）现象学理论

贝坦斯基的艺术治疗以现象学理论为基础，她认为艺术作品可以反映出个体的意识现象。个体通过观察自己的艺术作品，可以学会更清晰地感知艺术作品中的各种成分（包括线条、空间、颜色和阴影、符号和抽象的意义等）以及这些成分间的相互作用。辅导对象在感知和描述艺术作品的过程中，他的主观经验和艺术表现之间得到沟通与整合，个体主观经验得以丰富，同时也学会以新的方式去看待自己的内在与外在现象，为其改变提供了可能性。意向性是心理现象学的一个基本概念，它认为人的意识是有所指向的，它可以指向人的信仰，也可以指向人的心理习惯等。

（3）格式塔理论

皮尔斯在结合弗洛伊德思想和完型心理学理论的基础上，发展了完型心理治疗的方法，其在治疗时更注重此时、此地、此景，而不注重过去经验的影响。而后珍妮·莱恩把艺术引入一般人的成长团体，在艺术活动中运用完型治疗的技巧以激发成员的自我表达、自我觉知和团体互助能力。在团体辅导中，运用格式塔疗法的九项原则可以引导辅导对象去开放自己，充分调动他们参与团体辅导的积极性，激发他们的潜能。其次，格式塔疗法认为觉察是改变的开始，鼓励辅导对象去创作，可以把他们的内心投射外显出来，可以让他们更加直观地发现自己的内在不和谐的地方，并对其进行疏通，使自我达到和谐。

（4）人本主义理论

娜塔莉·罗杰斯在其父罗杰斯的来访者中心疗法的基础上，创立了“以人为中心的表现力艺术治疗”的方法。她认为每个人都有一种与生俱来的了解并解决自身问题的潜力，运用表达性艺术可以化解来访者的内心矛盾，唤醒个人的创造力，使其在情感上获得疗愈。娜塔莉·罗杰斯认为表现力艺术可以帮助来访者超越他们的问题，采取交涉性的活动，从而达到自愈或治疗的目的。在团体辅导中，辅导者对辅导对象给予尊重和无条件的积极关注，对其分享的内容也给予支持和理解，可以营造一种安全、接纳的氛围，让其在这个氛围中感觉到他人支持的力量，从而引导辅导对象通过艺术表达进行自我觉察、自我调整，从而达到自我疗愈的目的。

2. 研究使用方法

在团体辅导的前期准备过程中，主要运用了文献研究法，通过百度学术、中国知网等网站，查找了大量关于老年群体的资料，通过对这些资料的整理与分析，进一步了解老年群体及其心理健康情况等。在辅导的过程中则运用了现场观察法，全方位多角度地对辅导对象的行为表现进行开放式观察，在最后一期的辅导活动中进行访谈，最终通过辅导对象的访谈结果与其前期的行为表现进行对比分析，得出团体辅导活动对老年人是否有影响。最后，行为研究法则是贯穿整个活动，通过一系列的表达性艺术团体心理辅导，锻炼辅导对象的认知能力，帮助他们树立积极的思考方式，降低其不良情绪或行为发生的可能性。

3. 活动中使用的心理辅导技术

表达性艺术治疗包含音乐、绘画、神话心理剧、舞蹈、套娃等多种艺术治疗形式，在团体辅导过程中也综合使用多种艺术治疗技术，满足辅导对象的需求。

(1) 音乐技术

1994 年，美国密歇根州立大学把音乐治疗设为一门学科，而它也在 20 世纪 70 年代传入亚洲，目前日本和中国的大型医院都设有音乐治疗。我国把音乐治疗定位为研究音乐对人体机能的作用，以及如何应用音乐治疗疾病的学科。目前国内主要把音乐治疗运用于精神疾病、神经系统疾病、恶性肿瘤、心血管疾病等方面。李红艳等(2008)研究发现在配合药物治疗及护理措施时，音乐放松疗法可以提高老年失眠患者的睡眠质量，改善其失眠状态；还有研究发现舒缓音乐可以调节人的身心健康，不同音乐的节奏、旋律、音调、音色对人体能起到兴奋、抑制、镇静等作用。

(2) 绘画技术

绘画治疗起源于 20 世纪初对精神病患者绘画作品的研究。2007 年，英国艺术治疗协会对绘画治疗作出界定：绘画治疗是以美术媒介为主要的交流工具，在营造一个相对安全、舒适和有帮助的环境后，来访者通过使用美术材料获得人格层面的变化与成长。通过绘画，辅导对象能最大程度地去释放早期记忆被压抑的内容，绘出最渴望的内心世界，发泄能量，从而达到心理平衡。

(3) 神话心理剧

神话心理剧是瑞士心理分析师艾伦·古根宝在 1999 年创立的，它融合了莫雷诺的心理剧和荣格的分析心理学，将分析心理学的理论融入到戏剧中，用心理剧的形式呈现出来，其神话部分是通过塔罗牌来体现的。神话原型图卡在案主的解读和重构下，构成一个故事，这个故事会投射出案主自己的故事，通过表演故事去打开案主的内心世界，解读其人生态度。

(4) 舞动治疗技术

舞动治疗又被称为动作治疗。舞动治疗假设人们可以通过身体运动的开放表达，安全地从人的内心深处释放出焦虑、哀伤、愤怒等情绪，还可以分析人的行为节奏，以一种“动作共情”的方式相互沟通交流。

(5) 套娃技术

心理套娃极大可能是中国心理学家第一次创造出的投射测量工具，在程乐华、卢嘉辉编著的《心理套娃——一种新型投射测量和咨询工具》中指出:心理套娃也许是目前最快速的、立体深入了解人的工具,它可以在短短的15~25分钟内找到当事人最主要的认知、性格或人际关系的主要特征,并由这些主要特征衍生出对其生活或工作状态的描画。心理套娃由俄罗斯的工艺品发展而来,它具有四种物理属性:逐层嵌套、平行嵌套、拆分和摆放的自由性和套娃图案的可改变性。不同的物理属性投射出辅导对象不同的关系属性。而活动中使用的套娃主要是大套小系列的套娃,通过不同大小套娃的摆放,具象化隐藏在辅导对象的感受和家庭故事中的家庭层级关系,促成他们去进行自我探索与反思。同时,由于辅导对象为60岁以上的老年人,他们的不安全感会更强烈,因而使用套娃可以减少他们的防御行为,促使他们更加开放自我,全情投入到活动中,使活动效果达到最优化。

艺术能帮助我们建立自信,还能释放压力和缓解焦虑。以上述的艺术治疗技术开展活动,可以引导辅导对象使用表达性艺术去释放负面情绪,使自己的情绪处于平和状态,与此同时,通过艺术创作,可以使个体的意识与无意识连接起来,促使个体更好地了解自我,采取方法进行自我调整,最终达到自我疗愈的作用。

(6) 怀旧治疗

怀旧治疗(reminiscence therapy)是由伯特勒在1963年根据艾瑞克森的心理社会发展理论提出的,它从生命回顾的角度阐明了怀旧对于老年人探寻生命意义的作用。怀旧疗法的主要方法是在安全、舒适的环境中,运用老照片、音乐、食物及过去家用的或其他熟悉的物件作为记忆触发,唤起参与者的往事记忆并鼓励其分享、讨论个人生活经历,如"旧时的音乐(节庆)""儿时记忆""读书时光""我的家庭""工作经历"等。它可以有计划地帮助老年人去回忆往事、经历和自身感受,使老年人重新审视自己的人生经历,接纳自己人生历程中的种种变化并直面死亡,增加老年人的人际交流,减少社会距离感。

(四) 老年人表达性艺术团体心理辅导设置

1. 团体性质

团体性质通常表现出同质性、封闭性、结构式成长。

2. 团体人员的确定

(1) 研究对象的确定

本研究的辅导对象都是自愿报名参加的肇庆市老干部(职工)大学表达性艺术团体心理辅导班的老年学员。在报名阶段,虽然有不少学员对这个心理辅导班表现出强烈的兴趣,但由于他们的年龄未达到本研究界定的老年人(60岁以上)标准,最终只保留符合条件的20人。其中,男性5人,女性15人;最高年龄82岁,最低年龄63岁,平均年龄为67.2岁。第一次活动的问卷调查结果分析发现:大部分辅导对象都与家人一起居住、学历水平较高、有稳定的经济来源(退休金),他们对于自己的生活状态比较满意。总而言之，辅导对象生活条件较好，部分辅导对象存在焦虑、抑郁，一半辅导对象睡眠质量存在问题，但总体心理健康水平尚好。

(2) 团体领导者及辅导员的确定

本研究的团体领导者及辅导员共10名(5名团体领导者、5名辅导员)，其中5名团体领导者均为教授或副教授，他们有着丰富的心理学专业知识和带领团体的实践经验，他们擅长的专业方向各有不同，这为每次活动的活动理念及内容注入了新鲜活力。同时他们各自从自己擅长的领域出发，多角度、深层次地去开发辅导对象的潜能，为最终的辅导效果提供了保障。5名辅导员均为应用心理学专业三年级的学生，他们都有过中小学心理辅导及朋辈心理咨询的经验，他们的理论知识和实践经验为本研究的顺利进行贡献了专业支持。

3. 活动时间

每个星期一次，共18次，每次1.5～ 2小时。

4. 活动地点

安静、有能移动的椅子及多媒体的大活动室。

5. 活动用具

套娃，彩布，抱枕，扑克牌，海报纸，A4纸，宣纸，水彩笔，水粉，蜡笔，眼罩，小黑板，大绳，红领巾等。

6. 老年人表达性艺术团体心理辅导的方案框架

活动名称	活动主题	活动目标	活动内容
活动一：让世界充满爱	团队建设	促使团员之间相互认识，了解团员目前的心理健康状况及对此次团体辅导活动的期待等。	1. 动物操； 2. 姓名操； 3. 问卷调查； 4. 合唱《让世界充满爱》。
活动二：让快乐成习惯	认知力训练	以肢体训练的形式，激发并挖掘辅导对象的反应力、思考力和注意力，使其保持头脑灵活，延缓老化。	1. 数数拍拍乐； 2. 脚下的快乐； 3. 讲画周快乐； 4. 表演《青年友谊圆舞曲》。
活动三：让回忆舞起来	认知力训练	唤起辅导对象的回忆，激发其思考力，提高其认知水平。	1. 大风吹； 2. 时光相册； 3. 照片中的故事； 4. 歌伴舞《年轻的朋友来相会》。

续表

活动名称	活动主题	活动目标	活动内容
活动四:让双手动起来	生命意义	锻炼辅导对象的动手能力,引导其感受到生命的力量,培养其对生命意义的积极思考。	1.反口令游戏; 2.优律司美律动操; 3.蜂蜜蜡手工——“我的大自然”; 4.手语操——《爱在你身边》。
活动五:让生命树常青	生命教育	启发辅导对象与故人做连接,使其坦然面对死亡,建立科学、健康的生死观。	1.天气预报; 2.身体舒卷; 3.致敬故人; 4.手语操——《感恩的心》。
活动六:让我来告诉你(上)	生命观	画出自己的生命故事,思考自己成长中对自己的生命有重要影响的人和事,总结、反思过去的经历给自己带来的经验及教训,以利于自己今后的生活。	1.“007”游戏; 2.我的故事我的歌。
活动七:让我来告诉你(下)	生命观	通过辅导对象分享自己绘画的内容以及感受,启发他们从新的角度去审视自己的过去,对于自评的负性事件做出积极的赋意。	1.“007”游戏; 2.左抓右逃; 3.我的故事我的歌(分享环节); 4.让我来告诉你。
活动八:让我们爱自己	自我探索	通过套娃摆雕塑的形式使辅导对象澄清自己与各家庭成员之间的关系,觉察自己、反观自己,挖掘家庭资源,让其成为自己生活的动力。	1.火车开起来; 2.我的家庭雕塑; 3.朗诵《少年不识愁滋味》。
活动九:让我们传递爱	自我探索	引导辅导对象探索自己的人生观、价值观,并带领辅导对象表达爱、传递爱,树立积极乐观的人生态度。	1.爱的传递; 2.爱的抉择; 3.爱的祝福。
活动十:让季节驻心田	生命教育	通过摆四季桌,激发辅导对象对生命、对大自然的热爱及生命的活力,培养其积极的生命态度。	1.青蛙跳下水; 2.四季桌; 3.合唱《四季歌》。

续表

活动名称	活动主题	活动目标	活动内容
活动十一：让心灵去畅游（上）	生命意义	训练辅导对象用肢体语言表达情绪的能力，培养其想象力、创造力以及对生命意义的深层次分析。	1. 你的心情我来猜； 2. 神话心理剧（上）； 3. 演唱《大海啊，故乡》。
活动十二：让心灵去畅游（下）	生命意义	训练辅导对象用肢体语言表达及沟通的能力，培养其想象力、创造力以及对生命意义进行深层次分析。	1. 小组职业操； 2. 神话心理剧（下）； 3. 歌舞表演——《大海啊，故乡》。
活动十三：让童年记忆飞	老化态度	培养其对老年生活的正向感受和体验，树立积极的老化态度。同时，以黑板画为媒介，强化辅导对象再次与童年做连接，保持单纯、快乐、活泼向上的生活态度及团队合作精神。	1. 童年游戏、歌谣大串烧； 2. 团体画中飞出的童年故事； 3. 朗诵《你们年轻，我们也年轻》。
活动十四：让我们知珍惜	生命教育	启发其思考失能状态下的生存能力培养；同时激发其想象力寻找归属感，以大海般包容、宽广的胸怀去迎接生活中的变化与挑战。	1. 蹒跚三人行； 2. 大海的怀抱； 3. 演唱《橘颂》。
活动十五：让挫败成资源	挫折应对	引导辅导对象梳理自己退休后的挫折经历，通过小组讨论形成挫折应对的策略与方法。	1. 五脚六脚向前走； 2. 齐心协力搭高塔； 3. 挫折经历回顾； 4. 抗挫之树我们种。
活动十六：让生如花绚烂	死亡教育	引导辅导对象直面自己的死亡，思考“优死”问题；并激励辅导对象以平常心应对死亡。	1. 一元五角； 2. 生死抉择； 3. 泰戈尔诗词赏析——《生如夏花》。
活动十七：让“后 50”更精彩	老化态度	促进辅导对象对老化形成一个正确、积极的认知，提高他们在社会生活中的获得感，进而影响他们晚年的生活质量，同时开始处理分离焦虑。	1. 超级口香糖； 2. 您如何看“老”； 3. 十六次活动集锦； 4. 诗歌朗诵《变老的时候》。
活动十八：让我们齐珍重	应对方式	带领辅导对象回顾团体辅导，畅谈团体辅导心得体会，评估团体辅导效果；同时通过仪式感的活动，增强团体的凝聚力，处理分离焦虑。	1. 我的感言； 2. 海洋之旅； 3. 红线牵手。

四、老年人表达性艺术团体心理辅导的实施过程

团体辅导过程主要分为三个阶段：初始阶段、运作阶段和结束阶段。

初始阶段的主要任务是消除彼此间的隔阂与不信任，营造安全、放松、信任的团体氛围，建立具有凝聚力的、规范性的团体，为后续团体辅导的顺利进行奠定基础。例如，在第一期活动中特意设计了"姓名操"这一活动，以肢体语言的形式去向别人介绍自己的名字，既能起到活跃气氛的作用，又能加速彼此间的了解与融合。而从第二期活动开始，我们将辅导对象在上一期参与活动的精彩瞬间的照片编辑成小视频并在热身活动前播放给辅导对象观看，向辅导对象表达我们对他们的关注与支持，增进我们与辅导对象之间的信任感，使辅导对象更加投入地参与到接下来的活动中。

运作阶段是团体辅导活动的正式开始阶段，也是团体辅导的核心，这一阶段分为前期和后期。在前期考虑到建立的团队还不够稳定，因而前期选择更多的是浅显、轻松的主题，不断消除彼此间的猜疑、防御。在后期，考虑到辅导对象的特殊性，我们辅导的主题也更多关注生命这一大方向。从年龄来看，老年人是最接近死亡的群体，他们都知道自己的日子或许快要到达终点，但不同的老年人在面对死亡这一话题时有不同的态度。事实上，对死亡的态度会直接影响到个体的心理健康，终日讳忌谈及死亡话题的人，他们会对死亡产生消极的情绪，直接影响到他们的心理健康。因而本研究也希望通过表达性艺术团体心理辅导，引导辅导对象坦然面对死亡这一终极话题，培养他们积极的生命态度，建立积极的人生态度，思考自己的人生价值，提高他们的生活满意度。

结束阶段是团体辅导的一个重要组成部分，其主要任务是通过回顾、分享和总结去强化团体辅导活动带来的积极效果，同时也处理好团队分离带来的伤感、焦虑情绪。而本期团体辅导在第十七次活动将要结束时，对本期团体辅导进行了回顾，把所有辅导对象的精彩表现的照片汇总，编辑成小视频，让辅导对象回顾自己在团体辅导中的表现及其改变，这也在提示辅导对象，我们的团体辅导即将结束。在最后一次团体辅导中，以座谈会的形式让辅导对象去感悟自己在这一过程中发生的变化，强化辅导效果。

需要特别说明的是，在辅导前，领导者已对所有的辅导对象说明本期团体辅导会全程录音、拍照，并与他们签署了知情同意书，因而我们的团体辅导是符合伦理规范的。在每次活动结束后，我们会根据录音内容及辅导员现场观察到的内容对该次团体辅导活动进行总结，其中包括针对每一位辅导对象在团体辅导活动中的表现进行分析，以便于下一次活动方案的设计更贴合他们的实际需求；还有对团体

辅导活动内容的设计进行分析与总结，对设计不合理的内容进行修改，以利于他人进行相关研究时参考使用。

五、辅导效果评估

美国著名的团体治疗大师欧文·亚隆认为，团体之所以能发挥它的疗效是不同的疗效因子相互影响、相互作用的结果。任何一个疗效因子都不能单独发挥作用，据此欧文·亚隆经过多年的研究总结，提出了 11 个疗效因子：团体凝聚力、希望重塑、提高社交技巧行为、存在意识因子、利他主义、人际学习、普遍性、信息传递、模仿、宣泄、原生家庭的矫正型重现。经过我们十八次的团体辅导，我们发现其中的团体凝聚力、提高社交技巧行为、存在意识因子 3 个因子的影响作用更加显著。以下我们将从认知、情绪管理、人际关系、生命意义、老化态度以及欧文·亚隆的 11 个疗效因子来评估一下我们的团体辅导效果。

（一）辅导对象的认知能力较辅导前有了明显的改善

在活动的分享中，许多辅导对象指出，团体辅导中所设计的活动锻炼了他们的注意力、反应力等。P 女士说："我觉得这个游戏训练了大脑。要记住那么多动作，而且还要把它们马上连续做出来，真的不简单，如果这样做下去呢，以后肯定不会老年痴呆了。"L 先生说："我觉得我的认知被颠覆了，这个游戏使我们脑洞大开。"Z 女士说："给大家点个赞，做完这个动作之后，大家更加自信了，把年龄都忘掉了，这就是这个游戏的好处，锻炼了我们的记忆力、反应力、灵敏度等。"根据所有领导者和辅导员十八次团体辅导的现场观察，可以感受到辅导对象的理解能力、记忆力等有了明显的改善。团体辅导伊始，辅导对象对于活动规则的理解存在一定的困难，活动过程中频频出错，在经过几次辅导活动后，辅导对象已经能根据游戏指令迅速做出反应了，在第九次的热身活动中，需要辅导对象记忆小组内的每个人设计的动作并完整地展现出来，这是一个很有难度的烧脑游戏，他们居然也可以顺利完成，有的小组在保证正确率的前提下还能追求美感。

（二）辅导对象对生命意义及老化态度的思考变得更加积极

W 女士说："如何面对衰老？如何面对生死？这些都是我们现在要面对的，还有今后要面对的问题。以前可能没有思想准备，但我现在觉得还是要提前做好准备，比如学习这方面的知识，形成这方面的理念，做好今后更老了要怎么办的思想准备，规划好自己今后怎么老去，今后怎么面对这些我们要面对的事情。所以我觉得在这里上课，不仅学到了如何保持年轻的心态，也做好老去的准备。在整期活动中，还感受到很多老师为我们付出，真的很感激你们。”

（三）辅导对象的情绪明显向好的方面发展，心态变得更加积极、乐观，主观幸福感有所提高

在第二次辅导“讲画周快乐”这一活动中，我们让辅导对象去画出自己过去一周的快乐事件时，他们需要去思考什么事情让自己感觉到快乐，而在第十一次活动让辅导对象用三个词语去描绘自己过去一周的心情时，辅导对象普遍都用了快乐、开心、高兴等积极情绪的词语，这说明了辅导对象的情绪随着活动的不断开展，明显在向积极方面发展。L 女士分享：“这个团体辅导使我精神上得到很大的收获，起码自己的心情向好的方面发展了。通过一些活动，感觉到自己好像回忆起了童年的一些宝贵东西，它能够唤起我们从前的那种童心，简简单单，快快乐乐，所以如果能够到老保持这样的心，我觉得挺好的。”D 女士分享：“我的小孙女说我的脾气没有以前那么暴躁了，我变得更可敬了。”许多研究指出，当个体的积极情绪体验越多，其主观幸福感就越强。在团体辅导的过程中，辅导对象纷纷表示团体辅导活动十分有趣，让其忘记了自己的年龄，仿佛回到了童年那一段美好的时光，快乐、愉悦等积极的情绪贯穿我们整个团体辅导活动，因而表达性艺术团体心理辅导活动在一定程度上提高了辅导对象的主观幸福感。

（四）辅导对象学会控制自己的情绪，人际关系有所改善

在团体辅导过程中，有好几位辅导对象表示自己以前的脾气不好，但在表达性艺术团体心理辅导班上了一段时间的课之后，自己的脾气变得好了一点，现在会注意控制自己的情绪了。如 H 女士：“我以前呢，就是脾气不太好，通过重新回忆自己的故事，现在我懂得了心态要放平，这样对自己身心才有积极意义，还有与家人的相处关系可能也会更好。”C 先生则说：“我以前的脾气是很暴躁的，在学习完这门课以后，现在脾气好一点了。”

在团体辅导的过程中，辅导对象学会了赞美他人，学会了在团体辅导中与他人和谐相处。X 先生在活动后分享时说：“我们有偷偷观察别人是怎么做的，学习别人的经验，我觉得他们做得很好，虽然我们的高塔也很高，但是我们还有很多缺点。我看到他们很认真，而且他们做得也很漂亮，第三组的高塔更高，我们还要向大家学习。”W 女士则说：“我欣赏到别人的智慧，在活动中他们有很多的创意，我要向他们学习。”Q 女士说：“我参加了这个心理剧的表演，我觉得这个剧本写得很好，给

她三个词，她都能写出这么好的剧本，真的很了不起，真的很有创意，她的思想很有正能量。”

由上可知，辅导对象在通过四个多月的表达性艺术团体心理辅导后，他们在认知能力、情绪管理、人际交往、生命意义、老化态度以及主观幸福感等方面表现出正向的改变。接下来将基于欧文·亚隆提出的11个疗效因子，对本次团体辅导效果进行分析。

关于团体凝聚力，团体辅导的基本功能就是让辅导对象感觉到其他成员接纳而产生归属感，这种归属感会让辅导对象以更加开放的姿态进入到活动中。在活动的过程中，我们会通过一系列的游戏及主题活动去培养辅导对象之间的凝聚力。他们在分享时也表示，活动使他们之间更亲近了。X先生说：“我在学其他同学的动作时，感觉到很亲切，心情很开心，觉得和大家更熟悉了。”H女士则表示：“大家一起玩这个游戏，我感受到了童心和无限的童趣，大家同乐，所以大家更亲近了。”除此之外，辅导员也通过言语表达了自己对他们的接纳与支持。在与辅导对象一起活动后，一位辅导员说：“这个游戏让我忘了原来我和大家差了四十多岁，原来大家和我一样是年轻人。”而另一位辅导员则表示：“在和他们一起画画的时候，我没有感觉到自己和他们有界限，因为我们小时候也玩过这些游戏，游戏没有界限。”从第二次活动开始，我们会播放上期的精彩回顾，即把辅导对象上一次活动的精彩表现，以视频的形式再次呈现出来，让所有的辅导对象觉得自己是被关注的，是被团体所接受的。罗杰斯对心理治疗过程的研究表明，当来访者感受到被接纳和理解时，就有治愈的机会，因为给了个体一个增强自己力量的机会，因而当辅导对象感觉到其他人对自己的接纳和理解时，他们会更加开放自我，表达自我。

关于普遍性，普遍性指的是团体辅导过程中，辅导对象感受到自己并非是唯一一个遇到此类问题的人，了解到别人也有类似的经历，彼此间交流，可以让他们对某一问题有不同的看法，舒缓自己的心理压力。疾病是老年人群体的一大困扰，往往容易成为他们心理疾病的诱发源，在辅导的过程中，辅导对象也分享了很多自己关于疾病的困扰，也分享了自己对待疾病的态度。G女士说：“我自己曾经经历过骨折，真的很痛苦，但是我还是积极地面对，按照医生的嘱咐，按时敷药，适当运动，慢慢进行康复训练。”X女士则表示：“遇到疾病的时候，我们要沉着应对，而且要有耐心，着急也没办法，还要配合医生，配合医生我们才会好得快一点。”当辅导对象发现团体中的其他人也有相似的困扰时，其心理上会找到一些安慰，相信自己有能力去面对苦难。

关于希望重塑，一般在团体辅导开始前，领导者（主持人）对本活动的内容及意义进行准确性的介绍，提高了辅导对象的正向期待，减少了其负性偏见。团队领导者介绍本团体辅导时说：“我们的课程不是让您去说，而是让您通过身体雕塑、绘画、音乐等形式去表达，去感悟一些人生经历，让您从中发现您的内心冲突，进而解决内心冲突，最后达到成长，促使心理上的和谐。”在团体辅导的过程中，当团体成员看到其他成员已经发生改变或者正在发生改变时，他们会认为团体辅导是有效的，因而会增强他们对团体辅导的信心。Z女士说："刚开始的时候，我觉得她是比较难接近的那种人，很抗拒的，整个人也很严肃。后来慢慢地，发现她变得好多了，看着没那么抗拒，而是可以亲近的，她刚才说她变了。这真的要多谢谢这个团体。"有学者指出，老年人内心的希望水平会对其生理、心理和社会功能方面造成极大的影响，因而在本期（十八次）团体辅导中，他人的改善，可以重塑其希望，以一种"自己有无限可能性"的心态去迎接未来的生活，提高其对生命意义的追求。

关于信息传递，当领导者或者辅导对象对某一成员提供建议或劝解时，可以帮助其以更好的方式去应对某个重要他人或者生活中的某一事件。针对辅导对象说自己的时间可能不多了，团体领导者回复："可能我们这个时间才刚刚好，不是说'夕阳无限好，只是近黄昏'，而是'天凉好个秋'，我们换个角度看待'老'这件事，可能会更好。"针对某个辅导对象说自己到现在还没走出父亲死亡的悲痛时，W女士说："我希望你把心情放开一点，人死了不能复生，这是自然规律，谁都会经历这一过程，所以你不要一直沉浸在悲伤中，这会影响你的生活，影响你的健康。"X先生则说："我们中国对优生很重视，对优死更多的是回避，所以讲到人去世时，非常沉重。但实际上，人去世是客观规律，有生就有死，当然死在我们看来不是很好的事情，但是从另一个角度来看，他到了另一个世界，他可能会更好，所以我们要树立优生优死的观念。"学者肖永源认为个体在社会中感受到的被尊重、被支持和被理解的情感体验是社会支持的一部分。另有研究指出，社会支持水平会影响老年人的心理健康状况和主观幸福感，当老年人感受到的社会支持越多，其心理健康水平越好，主观幸福感也会越强。疾病、亲人离世是近几年辅导对象所经历的重大生活事件，这些事情会导致他们负性情绪的产生。而在团体辅导中，当辅导对象在提起这些事件时，其他辅导对象的关怀，会让其感觉到支持的力量，增强其走出悲伤情绪的自信心，减少心理问题的产生，提高主观幸福感。

关于利他，当团体成员给他人提供帮助时，可以提高他们的自豪感，增强自我力量，发现自我价值。在团体辅导过程中，我们也多次邀请部分辅导对象分享自己的养生技巧、推拿或按摩的手法等。平时在团体辅导中表现得比较被动的辅导对象，在分享完他们传授的知识后，更强烈地感受到了自身的价值所在。有位辅导对象（P女士）表示："我会用在老年大学学习到的知识，给家人推拿按摩，他们的信任与享受是对自己最大的鼓励。"事实上，他人的肯定会在一定程度上助长其利他行为，提高其自信心。

关于宣泄，宣泄指的是团体成员用言语或者非言语的方式表达自己的感受，缓解其痛苦。Z女士在分享时说："父亲的去世，其实我们几姐妹都有责任，虽然我知道他不会怪我们，但是我还是觉得很沉重。在这里说出来以后，心结解开了一些。"而G女士则说："对于那些未来到这个世界上的人（指流产的孩子），只能说对不起，相信你们在另一个世界也是一个快乐的天使……通过这个活动，我感觉到内心很坦然,我们要好好活着。”辅导对象在团体辅导活动中将自己压在心底里的,有可能是数年、数十年没有对人讲述的“苦楚”倾诉出来,宣泄情绪,心结就有可能奇迹般地解开。

关于行为模仿,团体成员通过观察并学习榜样成员或者领导者的行为,可以提高其人际交往或者其他方面的技能。D女士分享:“我一直有一个这样的想法,认为人活着活着就老了,老了就应该有一种稳重的、老成的表现,所以我在家里很少有说有笑,总是绷着一张脸,我说什么就是什么,不听别人的,在家里我说了算。可是现在就没有这样的感觉了……昨天我孙女告诉我,因为我来这个班学了一个学期,她觉得我整个人都变了,她说我回家的时候有说有笑,她喜欢。她说本来我的笑点是很高的,很难让我笑,而现在,总能看到我这样的笑脸,她很喜欢现在的我,说我改变了很多。”辅导对象把在团体中学习到的人际交往模式运用到家庭关系中,改善了亲子关系,有利于其家庭和谐。

关于人际学习,人际学习源于团体间的互动,在互动的反馈中,他(她)可以知道自己给他人何种印象,同时团体也给个体提供一个新的环境,让其以更合适的人际互动方法在团体里进行交流。C先生在分享时说:“我觉得有好的老师,就必然有正能量的学生。我以前的脾气很暴躁,在学习完这门课以后,脾气好一点了,真的很感谢老师给我们提供了这么一个课堂。”其他人对于C先生的话表现出惊讶,纷纷表示完全看不出其是一个脾气暴躁的人,这也说明该辅导对象在团体的互动中,意识到自己人际行为不恰当的地方,并在这一过程中尝试改变,而其脾气的收敛则能很好地说明了人际间的学习会影响一个人的社会行为。

关于提高社交技巧,在团体辅导活动过程中大部分成员都曾表示自己不知道如何跟别人交往,不知道怎么处理好跟周围人的关系。在团体活动中成员可能对于自己不擅长的社会行为会获得大量的信息。与此同时,团体还提供了一个可以让成员大胆暴露问题、解决问题的场所。在这个过程中社会学习是非常重要的,只有把从别人那里学来的东西,内化为自己的才是最重要的。在团体辅导初期,一部分辅导对象一到分享环节总是难以控制住自己,纷纷三三两两地分享自己的感受或者看法,这一行为会让正在分享的成员感觉到自己不被尊重。很多研究表明,在进行人际交往时,有时倾听比分享更重要。学会尊重他人,注意别人的感受,这样才有利于我们与他人保持一个良好的社交关系。经过多次的团体辅导后,这些辅导对象意识到自己在别人分享的场合交头接耳的行为是不恰当的,并有意识地控制自己交头接耳的坏习惯。到团体辅导的中后期,他们会把自己的注意力放在正在分享的成员身上,认真聆听他们的看法或者感受,时而还会给予肢体上或者言语上的反馈,整个团体辅导的氛围十分融洽。再者,在一段关系中,最忌讳的就是不断地批评和指责对方,而维持关系的最好的方法就是理解、肯定与陪伴。H女士曾表示在家庭关系中,自己总是站在自己的角度去看待子女的行为,并常对他们进行批评,因而与子女相处不太融洽。参加我们的团体辅导活动,她渐渐改变了自己对待子女的态度，对他们的批评、指责少了，肯定和表扬多了，子女们都觉得妈妈变得温柔可爱了。W女士、Q女士等辅导对象在最后一次团体辅导（第十八次）中都分享了在团体辅导中养成了发现别人的优点并真心地向对方表达出来的好习惯，这恰恰是人际交往的重要技巧之一。

关于存在意识因子，存在主义取向认为人类最大的冲突，都来自于有关存在的最终意义——包括死亡、孤独、自由以及虚无，也就是我们常说的无意义。焦虑就来自于这些领域里的基本冲突，当任何一个领域存在不和谐的状态时就会使人产生焦虑。欧文·亚隆认为我们生活中的痛苦来源于死亡、孤独、自由以及无意义，这些领域所产生的冲突会导致焦虑。死亡是一个终极的话题，因而我们在团体辅导活动中有两次专门涉及死亡的主题，引导辅导对象去思考死亡，坦然地接受死亡。H女士说："死亡是自然规律，看你怎么样对待，就是说固有一死，也不是你能控制的。但是呢，对待最后一别时，我觉得要相信科学，还要环保，不要搞得那么铺张浪费。"在经过一系列的辅导后，辅导对象开始思考自己现在的人生意义，规划自己的老年生活。G女士分享："现在终于顺利退休了，该安享晚年了。就觉得应该好好珍惜，要过好每一天，还要学会要帮助别人，使人生更有意义。"W女士说："我们原来还觉得就这么过下去吧，没想到老去以后还有很多事情，我们现在要做好规划。"客观地看待死亡，合理规划自己的老年生活，在一定意义上有助于老年人更好地去生活，其生活质量也会有所提高。

关于原生家庭的矫正性重现，欧文·亚隆指出，在团体辅导中，个体在原生家庭中形成的行为模式会被激活，并将它无意识地运用到与领导者或者其他辅导对象互动中。通过团体成员、领导者言语上、行为上的反馈，他（她）可以意识到自己来自于原生家庭的不良行为模式。同时，当他（她）表现出正向的行为时，领导者或者其他辅导对象给予积极的反馈，可以强化他（她）这一行为，让他（她）获得矫正性的情感体验，从而建立起新的行为模式。在团体辅导中，我们发现G女士的改变是最为明显的。G女士出生于军人家庭，在辅导前期，我们发现她由于受原生家庭的影响，在团体辅导的过程中十分讲究纪律性，说话方式比较直接，对于活动内容也要求自己高效率完成，导致部分辅导对象跟不上其节奏，给他们带来了不好的情绪体验。而在辅导后期，我们发现G女士有了很大的转变，其自我表现的欲望有所下降，表达方式也发生了变化，在与别人互动时开始注意别人的感受。G女士发生改变，可能是她在团体辅导中与其他成员进行人际互动时，其他辅导对象、领导者言语上或行为上的反馈让她觉察到自己的行为给别人带来了不良的情绪体验，而后在团体氛围以及团体成员潜移默化的影响下，建构了新的人际互动模式。

综合上述疗效因子分析可知，每个疗效因子在表达性艺术团体心理辅导中均发挥了作用。有研究指出，各个疗效因子在不同的团体中发挥的作用是不相同的。王海芳（2006）的研究发现，在癌症病人团体中重要的疗效因子依次为希望重塑、情绪宣泄、信息传递、存在意识因子和团体凝聚力。欧文·亚隆在其著作中提到，只要研究中包含存在意识因子，来访者至少把这一类的因子排在前50%的等级中，甚至在一些特定群体中，其被列为第一位。从本次表达性艺术团体心理辅导的进程以及效果来看，存在意识因子是本次团体辅导影响最大的疗效因子，这是受老年人群体特性以及十八次团体辅导的内容影响的。在团体辅导中引导他们去客观看待死亡，了解到退休后生活的意义，创造性地去生活，这些都是与存在意识因子相关联的内容，他们从中也可以感受到存在的本质，认同存在意识因子。本次研究结果也再次证明了存在意识因子在团体辅导中的重要作用。

总体来说，表达性艺术团体心理辅导在老年人群体的团体辅导中取得了良好的效果，辅导对象也纷纷表示，希望下个学期表达性艺术团体心理辅导这一课程可以继续开班，届时他们一定会再来参加或者推荐朋友来参加。这也说明表达性艺术团体心理辅导运用到老年再教育中是可行的，对于优化老年大学的课程内容有一定的参考价值。

活动一　让世界充满爱——团队建设主题

一、活动理念

团体动力学理论指出，高内聚力的团体可产生如下效果：团体成员的责任行为，成员之间的相互影响，价值取向的一致性，成员安全感的发展，团体生产力的提高。团体就像一个大家庭，辅导对象可以在这里体验到安全感和归属感，并且每个人的背景具有相似性。根据人际交往原则，个体之间的相似性能够增强彼此之间的吸引力，促进人际关系的建立。

我们通过团体心理辅导（以下简称团体辅导）前期的调查发现，参加本次团体辅导活动的辅导对象均为离退休多年（十几年甚至二十几年）的老年人，并且近半数是空巢老人，还有几位是鳏寡老人，他们在心理上容易出现失落感、孤独感、无助感等；在生理上，由于年迈，身体机能、反应性、灵活性等都有所下降。基于此原因，我们开展表达性艺术团体心理辅导，我们将通过多种艺术活动（绘画、拼贴、音乐、舞蹈、诗歌、心理剧、身体雕塑、写作、讲故事等）形式，让辅导对象体验各种创作过程来表达、感悟自己的生命故事，鼓励他们选择有助于改善心情并且可以实现自己理想目标的行为，引导他们有效处理各种矛盾、冲突，并从活动中得到愉悦感和掌控感，在优化其情绪的同时，激发他们对生活的热情与活力。

本次团体辅导是第一次活动，我们将在团队建设上下功夫。活动初始，通过仪式感的"团体承诺"严明活动纪律，保证活动的安全性及秩序性，形成团体规则。以"动物操"进行热身和活跃气氛，主要是帮助辅导对象减轻压力、开放心扉；在"姓名操"活动中，在表演者表演结束后大家重复其动作，一方面表达其对表演者的尊重及接纳，另一方面通过肢体语言记住表演者的名字，促进辅导对象之间的相互认识。此外，这两个活动能够促进老年人积极思考、发挥想象力、更多地自我表达，对于训练认知能力有一定的作用，并且两个活动都需要成员之间进行互动，更容易拉近彼此的心理距离。通过问卷调查的相关问题，辅导对象进行自我认知、自我剖析，分享彼此对问题的看法和感受，促进人际沟通和交流，同时也让我们了解辅导对象目前的主要问题及对团体辅导的期待，以便为今后的活动做准备。结束活动时合唱歌曲《让世界充满爱》，这首经典老歌能够唤起辅导对象对自己青春岁月的回忆，也让他们彼此产生一种亲近感。

二、活动目标

（1）促使辅导对象之间相互认识，开发、提高每位团员的想象力。
（2）了解辅导对象目前的心理健康状况、困惑以及对团体辅导的期待等。

三、活动道具

写字笔1支/人，A4纸1张/人。

四、活动设计

活动名称	活动目的	活动时间	备注
介绍表达性艺术团体心理辅导	使辅导对象了解表达性艺术团体心理辅导的含义。	5分钟	
团体的承诺	通过仪式感的承诺，严肃活动纪律，保证活动的安全性及秩序性。	5分钟	
动物操	热身，激发辅导对象的想象力，发掘老年人运用肢体语言表达情感的能力，使辅导对象尽快融入到活动中。	15分钟	
姓名操	训练辅导对象用肢体语言表达情感以及自我探索，促进成员之间相识与了解。	35分钟	
问卷调查	了解辅导对象参加团体辅导活动前的心理健康状况，为团体辅导结束后的效果评估做准备；了解辅导对象目前的主要烦恼问题及对团体辅导的期待。	45分钟	提供问卷网址，辅导对象现场手机作答提交问卷。
合唱《让世界充满爱》	通过仪式感的合唱，唤起辅导对象的美好记忆，激发他们的活力。	5分钟	

五、活动方案

（一）热身活动

1. 动物操

活动目的：热身，激发辅导对象的想象力，挖掘老年人用肢体语言表达情感的能力，使其尽快融入到活动中。

活动规则（该活动为全体活动）：

(1) 全体辅导对象及辅导教师、辅导员（主持人、摄影师、记录员除外）“1、2”轮流报数分成两组，报“1”者为第1组，报“2”者为第2组，两组组员分别面对面、背靠墙排成一列，尽量留出中间较大的活动空间。

(2) 动物操表演：由1人先做发令员说出一种动物的名字（如马），接下来发令员就要模仿出马的姿态（动作），边做动作，边向对方小组方向移动，移动时需做出“马”的动作。活动开始时，全体成员听到发令员的口令后，按照自己对发令员说出的动物（如马）的理解创作出自己的动作（鼓励每位参与者有自己的创意，与众不同），边做边向对方小组移动，移动到对方所站位置后180度转身站好，第一轮动物操结束。

注意：第一轮结束后不需要回到自己原来的位置。

(3) 第二轮由另一位成员充当发令员说出另一种动物（如猴子）的名字，带领大家一起做该动物操，规则同上，直到游戏规定时间结束。

注意：主持人要鼓励大家发挥想象力，尽量将动作做得舒展、做得娱乐、做得有创意。

2. 姓名操

活动目的：训练辅导对象用肢体语言表达情感以及自我探索，促进成员之间的相识与了解。

活动规则（该活动在小组内进行）：

(1) 各小组围圈站立，圈尽量大些，便于动作的舒展。

(2) 每位成员在小组内依次做自己的姓名操。体操动作可以根据自己姓名的发音（谐音或寓意）来设计，动作从自己的姓开始做起，然后是名字（一般一个字做一个动作，如姓名是两个字的就从姓到名字做两个动作，三字姓名就做三个动作），一边做动作一边要用语言解释自己的姓名操，做出一个动作后随即发出自己姓名的读音。如姓名为罗阳，表演者双手由内而外地带动双臂左右画圈（如蛙泳手臂动作）做出第一个动作，嘴里同时说着：“罗，包罗万象的罗。”然后双臂外展、手心向外向上高高举起做出第二个动作，嘴里同时说着："阳，太阳的阳。"这样罗阳的姓名操即表演完成了。罗阳表演完成后，小组成员要完全重复罗阳刚才的表演，"复制"给罗阳观看，随后，罗阳要对组员重复他姓名操的表演给予语言反馈。

(3) 在小组内每一位成员的姓名操表演完成后，其他成员们都要重复表演，然后由表演者反馈意见。

注意：主持人或辅导员首先要做示范，做自己的姓名操，要强调每个人的姓名操由自己独立完成，其他人不可以给予提示、建议，大家不可以对表演者的动作做评价，更不可讥讽及嘲笑，要接纳及尊重每位表演者的表演。

活动后分享：

(1) 您觉得自己的姓名操做得如何？整个游戏过程中您的情绪如何？

(2) 观看小组成员的姓名操您有何感想？组员中谁的表演令您印象深刻？

(3) 游戏后您的感受是什么？您有什么想对自己和大家说的吗？

先在小组内分享，每个人都要分享；然后小组派代表进行大组分享。

(二) 主要活动：问卷调查

活动目的：了解辅导对象参加团体辅导活动前的心理健康状况，为团体辅导结束后的效果评估做准备；了解辅导对象目前的主要烦恼问题及对团体辅导的期待。

老年人心理体检问卷调查

活动后分享：

(1) 您目前最烦恼、最困惑的事情是什么？

(2) 您参加团体辅导的目的(目标)是什么？您对我们的期待是什么？

(三) 结束活动：合唱《让世界充满爱》

活动目的：通过仪式感的合唱，唤起辅导对象对青壮年时代的美好回忆，激发起他们的活力。

活动规则：全员自由地站在活动室中间跟着视频纵情歌唱。

活动一教学课件

活动一精彩回顾

六、活动总结

（一）老年人在热身活动中的表现

1. 老年人在“动物操”中的表现

该活动是第一次团体辅导的第一个活动，要求辅导对象用肢体语言来描述某种动物的特征，而不是用我们平时用的语言来描述，这对辅导对象来说是具有挑战性的，也可以说我们选择了一个比较冒险的活动开始。活动开始时大家都显得比较拘谨，在主持人及辅导员多次的带领示范下，大家开始积极主动起来，发令员络绎不绝地涌现出来，对同一种动物的动作表现也更为多样化，能针对动物的不同特点来进行扮演。比如对于公鸡这一动物，有人模仿的是它走路的动作，而有些人则会模仿它的叫声和头部的鸡冠。我们还邀请了一些动作做得有创意、富有美感的成员出来做示范表演，这样一来，开始表现矜持、不愿意融入到游戏中的个别辅导对象也参与进来了。虽然辅导对象都是老年人，做幅度过大的动作存在安全隐患，游戏过程中也有一些老年人做了蹦跳动作，体力消耗比较大。但在活动结束后的分享中，大家都表示活动过程是比较愉快的，认为这一活动调动了他们的积极性和想象力。

辅导对象扮演企鹅

辅导对象扮演孔雀

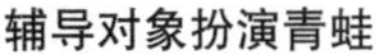
辅导对象扮演青蛙

辅导对象扮演兔子

2. 老年人在“姓名操”中的表现

在“姓名操”活动中，辅导对象分成两个小组进行。大家都很投入，有些更擅长用语言来描述所做的动作和名字的含义，有些则表达得更为简洁、清晰。大家的表现力、创造力都给人带来了惊喜。我们发现，很多辅导对象之间对于名字的解释理解得比我们更快。比如有些辅导对象会说“每天出门都要看的东西是什么?”旁边的人立刻就想到是“钟”，而我们可能会想到其他的答案。而且在这一环节中，辅导对象们都喜欢用带有自己名字的物体来表达，且他们对于自己名字的概念和含义是比较清晰的。另外从他们的姓名操中可以看出老年人心中的家国情怀和远大理想，如“绮华，我们的国家很美丽”“国，国家强大”“彭，大鹏展翅”“志，志向远大”等。我们请了一些辅导对象表演自己的姓名操，他们也很乐意展现给大家看，而且在描述自己名字时都很自信、自豪，这让我们看到了老年人老当益壮的一面。

在“姓名操”活动中，每当表演者表演结束后便让其他成员重复其动作，是对表演者的尊重，也让表演者对其他成员产生认同感，获得支持。相关研究表明，社会支持、自尊水平能显著预测老年人的健康状况，体现在具有良好的自尊水平和社会支持的个体，健康水平较高。从实践来看，帮助老年人建立良好的社会支持体系，协助提高老年人个人自尊水平，可提高老年人生活满意度和心理健康水平。

“彭，大鹏展翅。”

“吴，古代时候的我(吾)。”

"叶，树上的叶子。"

"珍，非常珍贵。"

（二）老年人在主要活动中的表现

由于本次活动是第一次团体辅导活动，我们想了解一下辅导对象的心理健康状况及其对团体辅导的期待，为今后的辅导找寻方向，所以，本次的主要活动就是做问卷调查。我们的问卷调查内容比较多，涉及自测健康评定、生活满意度、睡眠质量、情绪状况等，可以说是为老年人进行一次心理健康体检。在问卷调查中，我们的辅导对象耗费了很多的精力和时间，但大家都很配合，认真地填写了问卷。由于我们的问卷一部分是需要用手机来操作的，部分老人有些地方需要我们的辅导员辅助完成。这一活动的设计思路还有一方面是想对辅导对象的心理健康水平进行量化，为最后的团体辅导效果评估做好前测工作。但是，从我们的辅导对象的评测反应来看，同样的内容再进行后测是不会被他们接受的，所以我们最终选择欧文·亚隆提出的 11 个疗效因子作为评价指标。

辅导对象填写问卷

（三）老年人在结束活动中的表现

《让世界充满爱》这首歌曲发行于 1986 年，那个年代正是大多数辅导对象的青壮年时期，这首歌曲在当时可谓是家喻户晓、耳熟能详。之所以在第一次团体辅导中选择这首歌曲，其目的是通过这首歌曲，唤起辅导对象对青壮年时代的美好记忆，激发起他们的活力。果然，当《让世界充满爱》的音乐响起，当视频中几十位当年当红明星的面孔一个个地出现时，相当一部分辅导对象还是很兴奋的，他们情不自禁地就看着字幕歌词跟唱起来。歌词记得好的辅导对象会在前面领唱，不怎么熟悉歌词的就不自觉地站在后面跟着领唱一起小声哼唱。合唱结束后，主持人布置了家庭作业，回去练习这首歌，他们也很开心地接受了这一家庭作业。

辅导对象合唱《让世界充满爱》

七、老年人心理健康体检数据分析

我们的第一次团体辅导，有 20 位老年学员参加，其中，男性 5 人，女性 15 人，最高年龄 82 岁，最低年龄 63 岁，平均年龄 67.2 岁。我们采用“自测健康评定量表(SRHMS)”“生活满意度指数 A 量表(LSIA)”“匹兹堡睡眠质量指数量表(PSQI)”“焦虑自评量表(SAS)”“老年抑郁量表(GDS)”进行检测。

检测结果显示，在自测健康评定得分上，20 名辅导对象平均分为 329.70±64.86，与相关学者的研究数据进行比较，反映出辅导对象的整体健康水平较高；在生活满意度得分上，与全国常模(13.07±3.43)相比，辅导对象平均分为 26.30±7.18，说明辅导对象整体对其目前的生活状态相对满意；在睡眠质量指数得分上，与全国常模(3.88±2.52)相比，辅导对象得分(7.50±5.38)明显偏高，说明辅导对象整体的睡眠质量较差，其中有睡眠障碍阳性检出的人数为 10 人，占总人数的 50%，这个数字还是相当惊人的，在后续的团体辅导中，我们将从生理、心理、社会三方面去对辅导对象的睡眠质量问题进行干预；在焦虑自评中，辅导对象平均分为 42.12±11.18，阳性检出率(高于 50 分者)在 10%左右，与其他学者对老年人焦虑水平的研究比较，本次辅导对象的焦虑水平并不高；在抑郁得分上，辅导对象平均分为 6.30±6.52，但是阳性检出率(高于 10 分者)却在 12%左右，与其他学者对老年人抑郁水平的研究比较，我们的辅导对象的抑郁水平偏高，需要在今后的团体辅导中重视对辅导对象的情绪疏导。

八、辅导后反思

第一次团体辅导活动，应该说取得了预期的效果。热身活动“动物操”和“姓名操”调动了辅导对象的参与热情，为今后的团体辅导活动打下了良好的基础。主要活动“问卷调查”虽然取得了一些数据，对我们今后的辅导方向有一定的指导意义，但是，经过我们团队成员的讨论，一致认为，不再用此问卷进行后测，团体辅导效果的评估将采用欧文・亚隆的疗效因子分析的方式进行。

第一次活动后反思总结，以下细节问题今后需要多多注意：

首先，在辅导活动开始前要做好充分的准备，包括活动所需的物品和设备，了解辅导场所的使用情况等，尽量避免在活动过程中出现意外状况，影响活动的效果。

其次，由于与辅导对象之间的关系联结还未建立起来，辅导对象在活动中难免会放不开，没有充分地展示自我，这需要我们（主持人、辅导员等）在今后的活动中更耐心、更细心些，注意细节，让活动开展得一次比一次好。

最后，每次活动所设计的活动内容要适合老年人的身体状况，避免设计运动量过大、有危险的活动。

活动二　让快乐成习惯——认知力训练主题

一、活动理念

认知能力主要是指人脑通过感知、记忆、思维等形式反映客观事物的特性、联系或关系的能力，知觉、记忆、注意、思维和想象的能力都被认为是认知能力。老年人随着年龄的增长，各系统功能逐渐衰退，其中神经系统功能的退化尤为明显，例如，记忆力衰退、注意力松散、反应缓慢、思维固化等。因此本次团体辅导将通过肢体语言训练的形式，辅以团体怀旧治疗，培养辅导对象的团队凝聚力、注意力、创造力以及反应能力，让辅导对象从活动中得到愉悦感，对未来充满希望。

活动展开运用了积极心理学的理念，使辅导对象体验到快乐这一积极情绪，促使他们更快乐、更健康地生活。对于积极情绪，弗瑞迪克森(1998)提出了拓延-构建理论，该理论认为某些离散的积极情绪有拓宽人们瞬间知行能力，建构和增强人们个人资源(如增强人的体力、智力、心理调节能力和社会协调性等)，提升人们主观幸福感等功能。处于积极情绪的个体，其思维更开阔，可以用更积极的思考方式去看待生活中的事件，可以给个体带来积极的结果，积极的结果反过来会不断引发个体的积极情绪，提高个体适应环境的能力，拓延个体的执行能力，增强个体的个人资源。因而本次活动也将基于该理论展开，最终目的是帮助辅导对象提高其适应现阶段生活环境的能力，提升自己的主观幸福感。

本次团体辅导是第二次活动，仍然处于团队形成阶段，因此还保留了“团体承诺”的宣誓，以此来强化辅导对象的规则意识。其次，本次团体辅导在原有的基础上增加了精彩回顾这一环节，其目的是唤起辅导对象对上一次活动内容的回忆，使其有所触动，带着感悟投入到本次团体辅导中，更有利于后续活动的开展。“数数拍拍乐”和“脚下的快乐”除了起到热身和活跃气氛的作用外，还通过肢体训练的方式去锻炼辅导对象的认知能力，使其保持头脑灵活，减缓老化速度；由于社会、家庭以及老年人自身的生理因素等影响，老年人更容易感受到负性情绪，且负性情绪持续的时间更长，通过“讲画周快乐”能够更好地帮助辅导对象去发现生活中的快乐，对生活充满憧憬。最后，以《青年友谊圆舞曲》作为结束活动，熟悉的旋律会让辅导对象倍感亲切，回忆起自己青年时代的美好时光，给当下的他们带来愉悦的感受。

二、活动目标

(1) 激发并挖掘辅导对象的反应力、思考力和注意力,使其保持头脑灵活,延缓老化。

(2) 唤起辅导对象对青年时代的美好回忆,从肢体动作方面去保持活力。

三、活动道具

写字笔1支/人,水彩笔、蜡笔各4盒,A4纸1张/人。

四、活动设计

活动名称	活动目的	活动时间	备注
表达性艺术团体心理辅导	再次介绍“表达性艺术团体心理辅导”的含义。	5分钟	
团体的承诺	通过仪式感的承诺,严肃活动纪律,保证活动的安全性及秩序性。	5分钟	
第一次团体辅导精彩回顾	唤起团员对上一次活动内容的回忆,使其有所触动,带着感悟投入到本次团体辅导中。	10分钟	
数数拍拍乐	热身,激发并挖掘辅导对象的反应力、思考能力和注意力,使其保持头脑灵活,延缓老化。	20分钟	
脚下的快乐	训练辅导对象用脚来传递、表达情感,进一步激发其观察力、反应力及想象力,促进头脑的灵活。	25分钟	

续表

活动名称	活动目的	活动时间	备注
讲画周快乐	指导辅导对象运用绘画来表达自己的情感并引导其树立积极的思考方式，选择性地注意生活中的快乐，保持乐观的心态。	30分钟	每人派发A4纸1张，每组派发水彩笔、蜡笔各2盒。
表演《青年友谊圆舞曲》	唤起辅导对象对青年时代的美好回忆，从肢体动作方面去保持活力。	5分钟	

五、活动方案

（一）热身活动

1. 数数拍拍乐

活动目的：热身，激发并挖掘辅导对象的反应力、思考能力和注意力，使其保持头脑灵活，延缓老化。

活动规则（该活动为全体活动）：

（1）全体成员站立围成一圈。

（2）主持人给予目标数字（目标数字可以是3、4、7等），全体成员按照顺时针或逆时针顺序，随机一人从1开始报数，当报到目标数字及目标数字的倍数数字时，不能报出数字以击掌示意即可（例如，主持人给予的目标数字为3，则报到3及3的倍数、含3的数字时，不能发声，以击掌示意）。反应慢、报出数字、未击掌或者同时报数字和击掌视为犯规，则从错的那位成员开始归“0”重新报数。

（3）待成员熟悉了1个目标数字后，主持人将更改目标数字（如从3换到了4，当报到4及4的倍数、含4的数字时不能发声，以击掌示意），重新进行报数，规则同上，玩到规定时间游戏结束。

注意：主持人要将规则强调清楚，出现成员犯规后要归“0”重新报数。

活动后分享：

（1）您在游戏中出错多吗？您认为出错的原因是什么？

（2）您在游戏中都做对了吗？您是怎么做到全对的呢？

（3）您在游戏中心情如何？这个游戏给您带来的感受是什么？

2. 脚下的快乐

活动目的：训练辅导对象用脚来传递、表达情感，进一步激发其观察力、反应力及想象力，促进头脑的灵活。

活动规则（该活动为全体活动）：

(1) 全体成员围成一个大圈坐好。

(2) 播放背景音乐《外婆的澎湖湾》，全体成员跟随音乐有节奏地活动双脚，主持人双脚先做出一个动作，大家跟随主持人做动作，待全体成员双脚的动作一致后，任意一位“带头人”可以更改双脚的动作，吸引大家的注意力，其他成员发现有“带头人”更改了双脚的动作后要马上跟着“带头人”做出相同动作，直到全体成员一致做出了该动作。

(3) 所有成员动作一致后，另一“带头人”再次更改动作，规则同上。玩到规定时间游戏结束。

注意：主持人首先要带领大家做动作，并要强调大家活动期间不可以讲话，注意观察和发现“带头人”的更改动作，及时跟随，培养团队的默契，将注意力集中在脚上。

活动后分享：

(1) 游戏后您的感受是什么？有什么想对自己和大家说的吗？

(2) 只用脚而不说话的感觉是怎么样的？能表达出自己的情感吗？

(3) 哪位“带头人”的动作更能够吸引您的注意力，让您愿意跟随他（她）的动作？

（二）主要活动：讲画周快乐

活动目的：指导辅导对象运用绘画来表达自己的情感并引导其树立积极的思考方式，选择性地注意生活中的快乐，保持乐观的心态。

活动规则（该活动在小组内进行，可分成两个小组）：

(1) 给每位辅导对象派发一张 A4 纸，每组水彩笔、蜡笔各 2 盒。

(2) 每位辅导对象单独作画，在规定时间内，画出本周中觉得快乐的事情。

(3) 绘画结束后，辅导对象逐一在小组内分享绘画内容。

活动后分享：

(1) 您一周里快乐的事情有哪些？是画什么东西来表达的？

(2) 您在绘画完成之后有什么感受？跟大家分享后又有什么感受？

(3) 您听了组员的分享后有何感想？

（三）结束活动：表演《青年友谊圆舞曲》

活动目的：唤起辅导对象对青年时代的美好回忆，从肢体动作方面去保持活力。

活动规则：全员站在活动室中间，大家随机自由组合，以自己的方式，跟随屏幕中《青年友谊圆舞曲》的视频翩翩起舞。

活动二教学课件

活动二精彩回顾

六、活动总结

（一）老年人观看精彩回顾的表现

精彩回顾即是将上一次活动的重要内容、精彩片段的照片制作成一个视频（配有背景音乐及文字）播放给辅导对象观看的过程。其目的是回顾与复习上一次活动的重要内容，对辅导对象起到感染与鼓舞的作用，并且承上启下，使辅导对象更积极地投入到本次活动中。由于本次团体辅导是第二次，播放的是第一次的精彩回顾，辅导对象是第一次观看精彩回顾，他们表现出了强烈的观看兴趣。精彩回顾结束后，主持人带领本次团体辅导新加入的辅导对象做姓名操，其目的之一是为了回顾和复习上一次的重要内容，二是给他们提供一个舞台介绍自己，使其尽快融入我们这个集体，同时也表达了我们对新学员的欢迎。

全体成员在观看活动一的精彩回顾

新学员表演姓名操："我姓石，名徐金，由一块石头慢慢变成了金子。"

（二）老年人在热身活动中的表现

在“数数拍拍乐”游戏中，大家都积极参与进来，第一个数字是“3”，一开始他们频频出错，要么忘记拍掌，要么忘记不能喊出“有 3 或者 3 的倍数”的数字，要么既喊出数字同时还拍掌等，经过几轮游戏后，数“3”这一轮持续的时间才慢慢变长了。待他们适应了“3”这个数字后，数字开始变换，但是不管数字变成了“4”还是“7”，他们的表现和第一轮一样，经过几轮才适应游戏的规则。由此看来，老年人群体的错误率、反应速度和其他群体相比存在一定的差异，分析其可能的原因是身体原因（个别老人的听力存在问题）、注意力不够集中（由于这是第一个活动，他们还没有完全参与到游戏中）、记忆力较差（60 岁之后记忆力会发生不同程度的衰退）等。在游戏结束的分享中，他们也说到这个游戏的诀窍就是提前把有关数字在心中默念一遍，然后要提高注意力，跟着数字走。这也提示我们在接下来的活动设计时，要充分考虑老年人群体的身体状况、反应速度以及记忆力情况等。

“提前想着这些数字，一到这些数字就拍掌。”

“我没有什么诀窍，就是专心，跟着他们的数字，在脑海中想着自己的数字。”

“脚下的快乐”这一热身活动，主要考验的是团队精神、创造力和观察力，让团队学员学会用肢体表达自己的情感。一般而言，我们会用言语或眼神来表达自己的感情，很少会用脚来表达自己的感情。但是在“脚下的快乐”这一热身活动过程中，我们发现辅导对象用脚部动作来表达自己的感情也没有难度，例如，有的人把自己的脚抬起来，让脚底对脚底来拍掌，表达自己对新成员的欢迎；有的人是一脚在前，脚尖抬起轻轻下压，做出点头的样子，表示自己主动和新成员打招呼；还有的辅导对象在音乐的带领下，通过自己脸上的表情、上半身的动作和脚部的动作协调配合来表达自己此时快乐的心情。从整个活动中我们看到了辅导对象的创造力和肢体协调性，但也有少部分辅导对象专注于自己的肢体表达，没有顾及其他成员，表现出较低的团队精神，这提示我们要进一步培养他们的团队精神。活动中，我们选择《外婆的澎湖湾》这首歌作为背景音乐，富有动感且充满熟悉感的音乐可以让辅导对象联想到漫步走在童年时熟悉的沙滩，留下了一步一个脚印的生动场景，勾起了他们对童年美好时光的怀想。

用脚部动作来表达对新成员的欢迎

辅导对象用脚部动作来表达自己的快乐

"好像回到了童年，在沙滩上奔跑，瞬间觉得年轻了。"

"心情很愉快，很轻松，感觉身体很暖和。"

"培养了我们的团队精神和创造力，感觉很开心，动作和音乐配合天衣无缝。"

"心情很好，这个活动对健康有好处，感觉像是回到了童年。"

（三）老年人在主要活动中的表现

绘画是运用非言语技术，将人的内心情感表达出来的一种方法，而“讲画周快乐”这个活动主要运用了这一方法。从辅导对象的画中我们可以看出他们的积极健康的生活态度，如有的人画的是春天、花草、太阳与春游等，春天代表着生机与希望，花草代表着生命力，表现了他们追求健康与憧憬未来的愿望；有的人画的是朋友，和朋友一起参加某些集体活动，说明他们希望通过参加这些活动所带来的愉悦感来替代因退休而无所事事所产生的无聊感和孤寂感，提高自己的生活满意度；有的人画的是学习，说明他们渴望与时代接轨，体现了他们“活到老，学到老”的人生态度。还有少部分人画的内容与题意不符，分析其可能的原因：一是他们对题目的理解存在偏差；二是他们的注意力和观察力不强，没有发现生活小事的快乐；三是他们的防御心理较强，不愿袒露自己的情感。以上分析提示我们在接下来的活动中注意开发他们的注意力和观察力，借助多种表达性艺术的形式来敞开他们的心扉。

小组成员的画作

小组成员分享自己过去一周的快乐

“自己厨艺不是很好，但是通过学习做了一个漂亮的蛋糕，觉得很开心，很有成就感。”

“每天接送孙女上下学，我觉得很开心。”

（四）老年人在结束活动中的表现

本次团体辅导以舞蹈作为结束活动，选择《青年友谊圆舞曲》这首舞曲作为背景音乐。选择这首舞曲，是因为这首舞曲是辅导对象年轻时最熟悉的舞曲之一，熟悉的旋律能够使他们感到亲切，仿佛回到了几十年前男女青年之间手拉手一起跳舞、一起追求幸福生活的美好时光，同时也能够贴切地表达辅导对象此时此刻欢乐的心情。在整个舞蹈的过程中，虽然一开始他们都有些拘谨，但是在个别辅导对象和主持人的带动下，大家三三两两跳起了舞，音乐声、欢笑声充满整个教室。舞蹈结束后，大家都显得意犹未尽，他们在整支舞蹈中的表现也让我们看到了他们充满活力的一面。

辅导对象跟着节奏一起跳舞

七、辅导后反思

在本次活动中，“讲画周快乐”是主要活动，思考和绘画都需要时间，但是为了建立团队凝聚力并锻炼他们的肢体表达能力，设置的两个热身活动占用了较多的时间,因此时间的安排需要优化,让辅导对象有足够的时间去发掘他们的快乐事件,发挥出该活动最大的效果。再者,在“讲画周快乐”这一环节中,只有少部分辅导对象画出来的快乐事件与家人有关,这有点出乎我们意料,为何辅导对象第一时间想到的快乐的事情是其他事情,而不是家人之间发生的事情?这值得我们去思考。同时,这也提示我们,帮助辅导对象重新觉察自己家庭内部的关系,发现家庭成员互动而产生的小快乐,增加他们的积极情绪很有必要。

活动三　让回忆舞起来——认知力训练主题

一、活动理念

本次活动依然是认知力训练主题，我们将采用怀旧治疗和心理剧的设景技术以及角色扮演技术来开展活动。

怀旧治疗（reminiscence therapy）是伯特勒在1963年根据艾里克森的心理社会发展理论，从生命回顾的角度阐明了怀旧对于老年人探寻生命意义的作用。怀旧疗法是在安全、舒适的环境中，运用老照片、音乐、食物及过去家用的或其他熟悉的物件作为记忆触发，唤起参与者的往事记忆并鼓励其分享、讨论个人生活经历，如“旧时的音乐（节庆）”“儿时记忆”“读书时光”“我的家庭”“工作经历”等。怀旧治疗可以有计划地帮助老年人回忆往事、经历和自身感受，使老年人重新审视自己的人生经历，接纳自己人生历程中的种种变化，增加老年人的人际交流，减少社会距离感。

心理剧艺术疗法是一种融合了中西方多元心理治疗理论和文化的团体心理治疗模式。心理剧用戏剧的手法将人内在生命事件重现，进而重新经历，接触自己内在的真实感受，自我探索、觉察和疗愈，从而达到调节身心健康、促进人际关系的改善、最终发掘出人存于世的意义和价值。常规的心理剧技术有：设景技术、空椅子技术、角色扮演、替身技术、镜像技术等。心理剧以其独特的优势，成为维护老年人心理健康的有效手段。通过心理剧的演出（通常只运用心理剧的某些技术做片段演出或呈现）即可帮助老年人提高个体治愈力和心理和谐水平，激发老年人的自发性、创造力，增强老年人的自我认同感。

本次团体辅导的主要活动是“照片中的故事”，我们首先在“时光相册”活动中，采用放松技术将辅导对象带入到对往事的回忆中，在舒缓的背景音乐下，主持人运用指导语引导辅导对象在脑海中呈现出记忆最深刻的一张照片的意象，然后通过心理剧的设景技术布置（摆）出来。设景技术是一种情景再现的手段，由当事人利用现场的道具——各花色彩布、彩绸、彩纱等，各花色抱枕，现场的桌椅、生活用品、文具等将自己脑海中的意象摆出来。其目的是提高辅导对象回忆的能力，在设景的过程中，通过成员之间的互动和角色扮演，提高辅导对象的记忆力及情绪的优化。

热身活动“大风吹”考验的是辅导对象的注意力和反应力，在不同“发令员”发出的“大风吹”“小风吹”“台风吹”不断变化的指令中，大家的身体和心理得到了锻炼和考验。结束活动是歌伴舞《年轻朋友来相会》，通过怀旧的形式让辅导对象感怀年轻时的美好，带着这份美好投入到今后的生活中。

二、活动目标

(1) 激发辅导对象的观察力、注意力及反应力，促进辅导对象之间的相互了解。
(2) 唤起辅导对象的回忆，激发其思考力，提高其认知水平。

三、活动道具

各纯色、花色抱枕十余个，各色绸布、玻璃纱、花布数十条，桌椅，生活用品，文具等。

四、活动设计

活动名称	活动目的	活动时间	备注
精彩回顾	唤起辅导对象对上一次活动内容的回忆，使其有所触动，带着感悟投入到本次团体辅导中。	10 分钟	
大风吹	热身，继续激发辅导对象的观察力、注意力及反应力，促进辅导对象之间的相互了解。	30 分钟	
时光相册	通过放松体验，舒缓辅导对象的压力，将注意力集中到接下来的活动中。	10 分钟	
照片中的故事	唤起辅导对象的回忆，激发其思考力，提高其认知水平。	40 分钟	辅导对象自行选取所需道具。
歌伴舞《年轻朋友来相会》	通过歌舞活动，激发辅导对象的活力，紧扣主题(回忆)结束本次活动。	5 分钟	

五、活动方案

（一）热身活动：大风吹

活动目的：热身，继续激发辅导对象的观察力、注意力及反应力，促进辅导对象之间的相互了解。

活动规则（该活动为全员活动）：

（1）所有辅导对象及部分辅导老师、辅导员每人坐在椅子上围成一个大圈。

（2）主持人请其中一位辅导对象起立走到圆圈中央并抽走他（她）坐的那把椅子，圈中要保持 n（人数）－1 把椅子，这位辅导对象就成了发令人，他（她）可以发指令"大风吹"（符合某种特征的人，一般不许符合此种特征的人只有 1 人），例如，他（她）发出"大风吹"的指令，圈中辅导对象问吹什么，他说吹女生，那么所有女生（包括发令者本人，即使他是男生）就要离开自己原来的座位，换位到刚刚空出来的新座位上；动作慢者就成为被吹出来的人，那么他（她）就要接受大家的提问。例如，姓名是什么，家乡是哪里，有什么兴趣爱好等问题。他（她）回答完问题后就成为新的发令人，继续发出指令（如大风吹戴眼镜的人等）使游戏进行下去。

（3）"大风吹"游戏有三个指令："大风吹"（符合指令特征的人行动）；"小风吹"（符合指令特征的人不行动，不符合指令特征的人行动，考验人的注意力及反应力）；"台风吹"（所有人都符合特征，全体都要行动，移动到新的座位上。发令人发出台风吹的指令后大家就不必再呼应吹什么了，直接行动了）。

注意：发令者属于自由人，发完令后就要迅速跑动找位置坐下来，跑慢了，就有可能继续成为发令人。

活动后分享：

（1）您觉得"大风吹"三个指令中哪一个指令最难做？为什么？

（2）游戏中您被"吹出来"过几次呢？为什么被吹出来的呢？

（3）玩这个游戏有什么技巧和策略吗？

（4）这个游戏给您带来的感受是什么？

（二）主要活动

1. 时光相册

活动目的：通过放松体验，舒缓辅导对象的压力，将注意力集中到接下来的活动中并形成意象。

活动规则(该活动为全体活动):

(1) 全体成员围圈坐在椅子上。

(2) 播放背景音乐:《拥有》(陈建骐)。

(3) 跟随主持人指导语进行呼吸放松训练。

(4) 定格脑海中最难忘的画面(意象)。

放松指导语:

请您把所有的注意力集中在呼吸上,吸气,屏住呼吸,慢慢地把自己体内的疲劳和压力,通过自己的嘴巴呼出去。

很好,再来一次。通过自己的鼻孔把新鲜的空气吸到自己的体内,把希望、美好、快乐吸进自己的鼻孔,吸气,屏住呼吸,呼气,非常好;再来通过自己的鼻孔,吸气,呼气,透过自己的嘴巴再一次把所有的压力呼出体外,呼气,现在感觉自己的每一个细胞充满活力,仿佛眼前有一个画册。这个画册记录了过去的点点滴滴,我们尝试着翻开这本画册。一年前、两年前,请您按照自己的速度慢慢地翻开自己的画册,三年前、四年前、五年前、十年前、二十年前、三十年前……

在这个画册里您看到了过去的自己,突然,您在这个画册里看到过去最难忘的瞬间,那个瞬间发生在哪一年呢?那是怎样的一个场景?那个场景中都有哪些人?他们穿着什么花色的衣服?手里拿着什么?他们在做什么?您可以选择停留在那个瞬间,重新面对那个瞬间。请定格那个瞬间,"咔嚓",这个瞬间美丽的照片呈现出来了。

接下来我会从三数到一,当我数到一的时候,大家可以带着轻松睁开眼睛。

三,非常好,保持现在的状态,告诉自己"我是很安全的";二,"我是安全快乐的";一,慢慢睁开眼睛,摆出你的"照片"。

2. 照片中的故事

活动目的:唤起辅导对象的回忆,激发其思考力,提高其认知水平。

活动规则:

(1) 每五人组成一个小组。

(2) 每人到道具角选择呈现照片所需要的道具,在本组内选择组员做照片中人物的替身。

(3) 每人根据刚才放松体验中自己脑海中定格的照片进行具象化呈现,利用道具及组员替身摆出照片。

活动后分享:

(1) 您为什么会选择这张照片呢?这张照片对您的意义是什么呢?

(2) 如果现在让您对当时的自己说一句话,您会说什么呢?

(3) 这张照片当时给您带来怎样的感受?

(4) 现在摆出这张照片来给您带来怎样的感受?

（三）结束活动：歌伴舞《年轻的朋友来相会》

活动目的：通过歌伴舞活动，激发辅导对象的活力，紧扣主题（回忆）结束本次活动。

活动规则：全员站在活动室中间，大家随机自由组合，以自己的方式，跟随屏幕《年轻的朋友来相会》视频边舞边唱。

活动三教学课件

活动三精彩回顾

六、活动总结

（一）老年人观看精彩回顾的表现

在观看精彩回顾前，主持人让辅导对象随着背景音乐围成圈慢慢走动起来，让他们感受当下身体的感觉，随着身体的感觉手跟脚也随心动起来，再让他们慢慢聚在一起，并让他们通过握手或者拥抱的方式来"找朋友"（相互问好），在此过程中，辅导对象表现得很开心。接着主持人把他们的注意力引到观看精彩回顾，在观看的过程中，主持人带领辅导对象一边观看，一边活动手脚。这样，大家带着一个愉悦的心情看精彩回顾，印象更为深刻，且对后面的活动也起到了热身的作用。在找朋友的环节，主持人说可以握手或者拥抱，有一些本来在第一次活动中并不认识的辅导对象在本次活动中已经会选择主动拥抱了，可以看出团体的凝聚力正逐步建立起来。

辅导对象观看精彩回顾

辅导对象相互拥抱

辅导对象手拉手

（二）老年人在热身活动中的表现

“大风吹”是一项锻炼反应能力和注意力的游戏，集中注意力可以让人们的反应能力变得更加敏捷。在生活中，知识和经验的积累还可以增强人们的反应能力，有了丰富的经验和知识，可以提高生活质量。

在此活动中，主持人首先组织进行了“大风吹”的活动，在进行5～6个回合后，再依次介绍“小风吹”“台风吹”游戏规则，每个回合都由辅导对象发出指令，让每个人都有表现自己的机会。如果有人在游戏过程中出错了，不进行惩罚，而是让他们向大家介绍自己，同时让他们成为下一个发令人。之所以有成员被“吹”出来以后“奖励”他（她）做自我介绍，是考虑到本次团体辅导才是第三次团体辅导，还需要加强辅导对象之间的相互了解、相互认识和相互支持。

活动开始阶段，大家对游戏规则还不熟悉，所以每次发完指令后，大家反应速度和行动相对较慢，在5～6个回合后，大家逐渐适应了游戏的节奏，反应速度和行动都比开始时快了许多。在大家熟悉了“大风吹”规则后，我们才加入了“小风吹”和“台风吹”的指令。对于“小风吹”和“台风吹”这些新指令，大家也乐意并敢于去尝试。我们统计了一下，在加入后面两种指令后，辅导对象选择发布三种指令（“大风吹”“小风吹”“台风吹”）的数目基本相等。这种主动适应及敢于挑战的精神不就是团体的动力所在吗？但是在“小风吹”指令中，他们的反应时间和反应速度都慢于“大风吹”和“台风吹”，这可能是因为在“大风吹”和“台风吹”指令中，只需要作出相应的动作即可，启动的是正向思维，而在“小风吹”指令中，是与指令相反特征的人才需要作出反应和行动，启动的是逆向思维，所以反应时间较长。对于老年群体，在反应速度方面与年轻群体还是不能相比的。本环节的设计也能对老年人的思维敏捷性有一定训练作用。

在活动后的分享环节，大家都认为这个游戏让他们很放松，忘记了烦恼，不论输赢都哈哈大笑。还有辅导对象说这个游戏让他们想起了童年玩的游戏。另有一些辅导对象总结了“大风吹”游戏的一些游戏技巧，如，放松一点，不要紧张，提前归纳好一些人、事、物的特点等。

“大风吹，吹什么？吹短头发的人。”

“大风吹，吹什么？吹穿黑鞋子的人。”

穿黑鞋子的人起立换座位

被“吹”出来的辅导对象

“动作要灵活、灵巧。”

“可以训练我们的注意力、理解力。”

（三）老年人在主要活动中的表现

“照片中的故事”采用了心理剧的设景技术。心理剧是属于表达性艺术治疗的一种技术，在表演心理剧的过程中，老年人就是剧本的创造者，一方面可以促进思维训练,另一方面让老年人在体验快乐的过程中促进对自我的察觉,更加了解自我。

在心理剧开始之前进行了冥想的放松训练。首先是全场安静,然后主持人开始引导他们呼吸,把烦恼压力等负面情绪呼出去,把灵活、希望、美好等积极情绪吸入体内。接着主持人让他们想象面前有一个“相册”,慢慢翻动这本“相册”,在这本“相册”中,他们看到了自己,看到了自己最难忘的瞬间,然后停留在那里,慢慢地开始回忆起这一事件,最后鼓励他们重新面对这一事件。

在“大风吹”环节后,辅导对象处在一种情绪高涨状态,但如一直保持兴奋状态,容易产生疲劳,不利于后面活动的进行,所以需要通过冥想来帮助他们保持一种平静的状态。在冥想的过程中,伴有“回忆”的相关指导语,通过大脑的回忆,帮助他们进行思考,为后面的心理剧做铺垫。心理剧能帮助辅导对象在演出中体验或重新感受自己的思想、情绪及人际关系,伴随剧情的发展,在安全的氛围中,探索、释放、觉察和分享内在自我,让他们更加关注自我。

心理剧环节以小组形式进行,道具有不同款式的抱枕、彩布等,辅导对象则在小组里分享自己的心理剧。活动开始时很多辅导对象对心理剧存在疑问,不知道如何入手,通过主持人的示范后,大家分成了三个小组,组内相互展示。一开始有些辅导对象会说没有回忆,但只要我们稍加引导,他们很快就知道要展示什么故事了,而且有些小组在展示画面的时候就讨论起了自己当时的故事,气氛很热烈。但是我们也发现了一个问题,通常小组里第一个展示的人会定下一个基调,就是要借用多少道具、颜色是否多样等。建议对于小组内第一个人的展示要加以引导。

辅导对象在训练前放松

辅导对象表演：大学时期与同学打完排球后愉快合影

辅导对象表演：七星岩出游，享受美好的风光

辅导对象表演：刚毕业与同事爬七星岩，登顶后在台阶上拍照

辅导对象表演：在部队时的拔河比赛

（四）老年人在结束活动中的表现

选择《年轻朋友来相会》这首耳熟能详的歌曲进行歌伴舞，对于辅导对象来说，能勾起他们很多的回忆。他们拿着不同颜色的彩布一起围圈轻轻舞动起来，舞蹈动作仿佛融入到音乐的内容中，既增强了辅导对象的动作协调性，同时也让其肢体得到充分的锻炼。在本次的结束活动中，每个人都很开心，大家跟着音乐随意摆动，仿佛这一刻没有烦恼，只享受当下愉快的心情。

"花儿香，鸟儿鸣，春光更明媚。"

"年轻朋友们今天来相会。"

七、辅导后反思

本次活动总体比较欢快。因为大家尚未熟悉，在“大风吹”活动开始时有些拘束，但是进行到后期时大家都活跃了起来，此时需要注意时间的把控。在放松训练时，辅导对象明显都在跟随主持人的指导语，放松效果很好，这与主持人的主持经验也有关系。

在“照片中的故事”环节，有部分辅导对象仍然表现得比较拘谨，不愿太过暴露自己的往事，这是可以理解的，此时辅导员可尽量与其交流，鼓励其说出往事。

活动四　让双手动起来——生命意义主题

一、活动理念

生命意义是指一个人对生活是否有意义的感受程度，包括认知和动机两个方面，常与主观幸福感、心理健康、社会适应能力、积极应对方式等积极心理和行为相联系。一个人对生命意义的认知水平越高，就越不容易产生孤独感。本次团体辅导将根据人智学的观点和人类发展论，以蜂蜜蜡手工为主导，引导辅导对象进行生命意义的探索。

人智学(anthroposophy)是德国哲学家施泰纳创立的一门精神科学。他用科学的方法来研究人的智慧、人类以及宇宙万物之间的关系。人智学的研究者认为人们需要发展出客观的灵性觉知的新能力，这种能力在内在发展过程中，需要有意识地获得想象力、灵感与直觉。研究人智学的目的是培养一个完全开放的胸襟，既不盲从也不随意拒绝，当人的内心有所需求，这种知识和智慧就会涌现，并可以依内心世界的需求来调节，直至获得精神世界共鸣。

从人智学观点来看，老年人与儿童在心灵发展与需求上有些类似之处，老年人也会在某种程度上喜爱小朋友喜欢的东西；从人智学的人类发展论来看，老年人希望得到心灵的期盼与灵性的自由感。老年阶段是由“物质身”渐渐转化为“灵性人”的阶段，通过对“物质身”的修炼而产生、转化身体机能为高度心灵敏感的“灵性人”，在这一时期，他们对万物的生命感或灵性感很敏锐，也喜欢与具有生命感或灵性的万物互动。

基于人智学的理论，我们采用蜂蜜手工蜡作为本次团体辅导主要活动的材料，让辅导对象根据自己与大自然、与生灵的亲密接触塑造出一个个“小生灵”。在塑造“小生灵”的过程中，辅导对象通过做手工的手眼协调的感觉统合，可以刺激到手部的神经末梢，起到延缓衰老的作用。同时辅导对象在内心与大自然相连接的过程中，通过双手的创作，可以觉知到生命的亲切感和力量感，从而达到身体和心理的有机平衡。

本次团体辅导的热身活动“反口令游戏”训练的是辅导对象的注意力，而“优律司美律动操”则能够使辅导对象放松下来，舒缓其身体。结束活动“把爱传递出去”

则用手语操的形式进一步让双手动起来，使辅导对象在爱的氛围中享受生命的快乐。

二、活动目标

（1）继续训练和提高辅导对象的注意力、反应能力以及记忆力。

（2）锻炼辅导对象的动手能力，引导其感受到生命的力量，培养其对生命意义的积极思考。

三、活动道具

蜂蜜蜡 n 块（块数与辅导对象人数相当），彩色毛线球 5～6 个，彩色纱布 3～4 块，小竹篮 1 个。

四、活动设计

活动名称	活动目的	活动时间	备注
精彩回顾	唤起辅导对象对上一次活动内容的回忆，使其有所触动，带着感悟投入到本次团体辅导中。	5 分钟	
反口令游戏	热身，训练辅导对象的注意力、反应能力以及记忆力，使其尽快融入到活动中。	5 分钟	
优律司美律动操	通过律动操，使辅导对象舒筋活络、放松身心，将其内在丰富的能量引向外部。	20 分钟	
蜂蜜蜡手工——“我的大自然”	锻炼辅导对象的动手能力，引导其感受到生命的力量，培养其对生命意义的积极思考。	50 分钟	给辅导对象每人派发 1 块蜂蜜蜡。
手语操——“把爱传递出去”	通过仪式感的手语操表演，带动辅导对象彼此传递爱、接受爱，在爱的氛围中享受生命的快乐。	10 分钟	

五、活动方案

（一）热身活动：反口令游戏

活动目的：热身，训练辅导对象的注意力、反应能力以及记忆力，使其尽快融入到活动中。

活动规则（该活动为全体活动）：

（1）全员（所有辅导对象＋部分辅导员）围成一个圆圈。

（2）由主持人说出一个动作，其余成员就要做出相反的动作。比如，主持人说举左手，那么全员就要举右手；主持人说左手摸右耳，那么全员就要用右手摸左耳；如果主持人说向后转，那么全员就要站着不动，以此类推。游戏进行5分钟。

（二）主要活动

1. 优律司美律动操

活动目的：通过律动操，使辅导对象舒筋活络、放松身心，将其内在丰富的能量引向外部。

活动规则（该活动为全体活动）：

（1）全员围圈而立，首先像婴儿在母亲的肚子里一样，蜷缩着身体向圆中间靠拢，再慢慢地直起身体，张开双手，往后退，然后再以同样的姿势向圆中间靠拢，再慢慢地以同样的姿势向自己身后右侧两个身位往后退……直到每个人回到自己的原始位置。

（2）优律司美六部曲：

① 脚与肩同宽，放松自己，站好但膝盖处不要锁死（感觉自己的后面是一面墙），然后踮脚尖或者踮着脚走，但是上半身不动（好像不动的企鹅），不限定时间，只要自己感觉到累了即可。

② 先左手往上举，右手往后，左手手臂尽量靠耳朵，头不要偏向两侧，然后放下来，接着换手，右手在上，左手在下，换手时间不定，只要自己觉得手酸即可换。

③ 先左手往上45°角，右手往下45°角，然后两手放平，双手方向转换，躯体要保持直立，头不要向两侧倾，也不要前倾或者后仰（可以踮脚尖来矫正自己头部的位置），换手时间不限。

④ 手在胸部前方画圆，由小到大，进行3～5次。

⑤ 手放轻松，垂直于身体两侧，然后双腿以马步的姿态，慢慢蹲下（小腿与大

腿之间成135°)，然后膝盖开始转圈，但上半身保持不动。

⑥ 身体站直，脚与肩同宽，身体放松，重心在脚跟与脚尖的中间，接着身体往前倾斜，把重心放在脚尖，然后身体慢慢往后倾斜，把重心放在脚跟，再回到中间，在这个过程中身体保持直立，然后再来一次(前倾和后倾)；

(3) 最后全员围圈而立，像婴儿在母亲的肚子里一样，蜷缩着身体向圆中间靠拢，再慢慢地直起身体，张开双手，往自己身后右侧两个身位往后退，进行2～3轮。

2. 蜂蜜蜡手工——“我的大自然”

活动目的：锻炼辅导对象的动手能力，引导其感受到生命的力量，培养其对生命意义的积极思考。

活动规则(该活动为全体活动)：

(1) 首先请辅导对象将双手洗干净并擦干，然后主持人通过讲故事引入本活动的主题(背景音乐为《小蜜蜂》)，主持人亦可邀请辅导对象一起唱歌曲《小蜜蜂》。

(2) 请辅导对象描述自己喜欢的、极富生命灵动感的大自然动植物(花果或是虫鱼鸟兽)，再请他们描述其大致的特征。

(3) 通过“一二三，木头人”的游戏，让辅导对象对自己喜欢的生命体的特征进行模仿，加深该生命体在辅导对象记忆中的动态感。

(4) 让辅导对象选择自己喜欢的颜色的蜂蜜蜡，主持人以诚恳、谨慎的态度将蜂蜜蜡递到辅导对象的双手内，每人1块，在这个过程中主持人要注意引导大家先闻一闻蜂蜜蜡散发出的香味。

(5) 引导辅导对象用手紧握温暖蜂蜜蜡，使蜂蜜蜡得以软化，通过手指的力量把软化的蜂蜜蜡搓成一个圆球，然后请辅导对象开始创造自己想象中的“生命体”，赋予蜂蜜蜡“生命”(注：做完圆球后主持人要再强调“一体成形”概念，由中心展开来，不分割圆球的一个整体，作为生命延续发展的过程感，以增强其生命一体的感觉)。

(6) 辅导对象完成自己的作品后，可以将蜂蜜蜡作品放在主持人准备的展示台上(展示台放在活动室合适的位置，让大家都可以欣赏到所有人的作品)，辅导对象彼此讨论、分享所呈现的作品(注：主持人不要做任何评论)。

活动后分享：

(1) 您的作品是什么？您给它起什么名字？

(2) 您的作品有什么生命的故事吗？它表达出您什么样的情感？

(3) 您觉得谁的作品最吸引您？听完别人的故事，您有什么感受？

引导故事(引用/举例)：

很久很久以前，有一只非常勤劳的小蜜蜂，它每天都会飞到花园采集蜂蜜，(唱：嗡嗡嗡，嗡嗡嗡，蜜蜂忙采蜜，在那花园里)。由于它很努力地在工作，所以都没有时间去找朋友，时间久了，小蜜蜂开始感到很孤单，但是它不知道要去哪里才能找到好朋友，它越想越伤心，于是就独自一个人坐在花瓣上面哭泣。这时有一位活泼又善良的小女孩来到这座花园散步，当她低着头闻着芳香的花朵时，她听到有哭泣的声音。小女孩寻着声音看到一只正坐在花瓣上面哭泣的小蜜蜂，小女孩就问："小蜜蜂，你怎么了？我可以帮你吗？"小蜜蜂对着小女孩说："我好想有一位好朋友可以陪我一起唱歌、一起玩。"小女孩就说："那我可以当你的好朋友啊！"小蜜蜂听到了很高兴，它终于有了好朋友，于是小蜜蜂每天还是一样努力地工作，不过它总是会有一些时间和它的好朋友——小女孩一起快乐唱歌、玩耍(唱：我们是好朋友朝夕相聚，不分你不分我，同游戏同歌唱，我们是好朋友，永不分离)。有一天，小蜜蜂带了一片蜂蜜蜡要送给小女孩，小蜜蜂对小女孩说："这个蜂蜜蜡是我们蜜蜂在阳光下努力工作后，所得到的珍贵礼物，它有一股特别的香味，所以我想要送给你，和你一起分享。"小女孩高兴地说："小蜜蜂谢谢你，我一定会好好珍惜这一片蜂蜜蜡的。"于是他们彼此约定，他们要做永远永远的好朋友。

（三）结束活动：手语操——《把爱传递出去》

活动目的：通过仪式感的手语操表演，带动辅导对象彼此传递爱、接受爱，在爱的氛围中享受生命的快乐。

活动规则：全员围成一个大大的圆圈，跟着《把爱传递出去》视频一起做手语操。

活动四教学课件

活动四精彩回顾

六、活动总结

（一）老年人观看精彩回顾的表现

辅导对象在看到上期活动"照片里的故事"环节片段时，氛围较活跃，脸上露出喜悦的笑容，细细讨论起上周的内容，这也说明心理剧设景在团体辅导中给辅导对象留下了深刻的印象。同时，辅导对象回忆起喜悦的事情能够帮助他们在情绪和心态上有所调节，更加积极地面对生活。

（二）老年人在热身活动中的表现

本次团体辅导的热身活动是“反口令游戏”。在反口令游戏中，辅导对象做出的动作反应要与主持人发出的口令相反，在这过程中需要集中注意力，才能做出正确反应。在游戏开始阶段，主持人发出的口令都较为简单，只需要做出一个动作即可，如抬左脚、举右手、向左转、向后转等。此时，辅导对象都能很快适应游戏节奏。在开始的两个回合，虽个别辅导对象做出错误动作，但从第三回合开始全体辅导对象都能做出正确的动作反应。经过若干回合后，主持人加大难度，每次口令包含2～3个动作，如抬左脚同时举右手，此时，辅导对象的反应较慢，动作容易做错，但又经过2～3个回合后，动作反应速度又逐渐提高，错误率降低。这说明通过练习，辅导对象的注意力得到了训练。本环节时间较短，主要是为了让辅导对象集中注意力，为主要活动做准备。

反口令游戏：举左手

反口令游戏：抬左脚

反口令游戏：抬右脚，举左手

（三）老年人在主要活动中的表现

主持人承接热身运动中的“反口令游戏”，在本环节开始时融入运动元素，让辅导对象进一步动起来。本次活动的主题是生命意义主题，主持人一开始就带着辅导对象围成一个大圈，首先让大家以蜷缩状向中间靠拢，靠拢后再往后退，退的同时双手往上展开，这样来回重复若干次。这样做的目的是让辅导对象体验生命的起源与发展，蜷缩状就像回到婴儿的状态，回到生命开始的时候，双手展开就如生命逐渐生长开放。在这之后，主持人继续带领辅导对象做优律司美律动操，通过结合音乐、手势、体势和运动的训练，如脚尖直立、双手画圆、膝盖转圈等，促进血液循环，而通过拉伸运动还可以达到舒筋活络的效果。在做完各种动作后，辅导对象都说自己身体暖起来了，感觉更有精神了。通过手脚的运动可以增加手脚的灵动性，刺激神经末梢，同时能帮助老年人减缓老化的速度。

辅导对象表演：像婴儿一样蜷缩

辅导对象表演：像花一样绽放

辅导对象表演：身体直立，踮起脚尖

辅导对象表演：双手画圈

辅导对象表演：双手成 45°直线

辅导对象表演：踮脚，身体前倾

辅导对象表演:身体后仰

在“优律司美律动操”后就是进行“蜜蜂蜡手工”活动,主持人用一个“小蜜蜂找朋友”的故事引出,并和辅导对象合唱《小蜜蜂》歌曲,使他们从中感受到了童真,让氛围活跃起来。随后引导辅导对象思考在大自然中有哪些让自己印象深刻的有生命的动植物,组员回答有蝴蝶、小鸡、青蛙、菠萝蜜、小白兔等 13 种不同的动植物。主持人让辅导对象学着扮演自己说出的动植物,并进行三个回合的“木头人”游戏,在游戏中停下时要继续保持自己说出的动物或植物的形象,在这过程中跟辅导对象讲要记住自己扮演动物或植物的感觉,结束后给每位辅导对象发一块蜂蜜蜡,并让他们学着制作出动物或植物的形态。

主持人首先示范,并说明蜂蜜蜡一般都是硬的,需要用自己身体的温度软化它,才能塑造形象,所以前面安排的活动都是为了让大家的身体暖起来,更好地软化蜂蜜蜡。在开始的时候大家都比较着急,想着快点捏出一个形象来,主持人耐心地提醒大家:要慢慢地用双手捂着蜂蜜蜡,当它足够软的时候再进行创作。

整个过程大家都在专注于自己手上的蜂蜜蜡,慢慢地将蜂蜜蜡从一个粗糙的形象,不断地进行修整,最终创作出自己满意的作品。在创作的过程中,辅导对象相互之间交流不断,脸上洋溢着喜悦的笑容,都收获了快乐。在活动过程中,有一位辅导对象的手是冰凉的,这时她旁边的成员将自己的手放在她的手上,并说:“让我的手温暖一下你的手。”这一画面让我们看到,成员之间的互爱互助情感正在慢慢建立起来。在全员都创作完成之后,每位辅导对象都要讲述自己为什么要创作这个作品,分享该作品中蕴含的故事。此环节的主要内容是分享自己对生命意义的看法及理解,大家讲的故事中谈到最多的是自己养的小动物、花草植物、旅游中第一次见到的动物还有人生的感悟及思考。

有关研究指出,生命意义对老年人的重要性远胜过于其他年龄段的人群,因其知觉到自身生命即将终了,需回顾一生是否有价值。当老年人面对身体机能衰退与自我能力表现机会减少时,常常会有挫折感,但若是对生命意义的认知越成熟,则越能坦然地面对生命苦难且适应良好,情绪也就相对稳定,不易产生忧郁感。所以协助老年人思考自己的生命意义,有助于减缓其老化的速度,维护其身心健康。

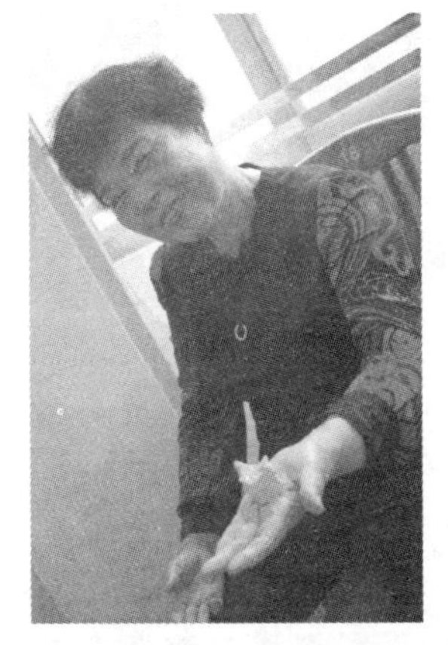
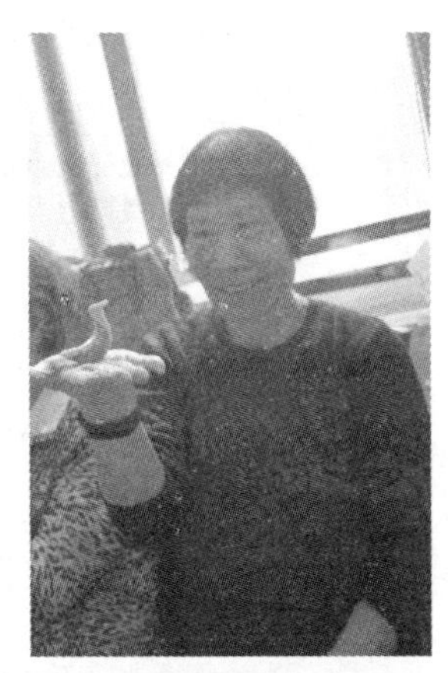

辅导对象的蜂蜜蜡作品展示(部分)

(四) 老年人在结束活动中的表现

结束活动是集体做手语操《把爱传递出去》,播放背景音乐《爱在你身边》,由辅导员带着全员做手语操,在这过程中,全员载歌载舞,有利于开发右脑,增加更多的情感体验。手语操的主题是"爱与生活",与本次辅导活动紧紧相连,团员之间围成一个圆圈,相互传递温暖。本次团体辅导活动以圆圈开始,也以圆圈结束,给辅导对象一个仪式感。

手语操

七、辅导后反思

本次活动是依照人智学的理论进行设计的，因此，在设计主要活动时我们比较注重63岁左右的老年人比较需要的一种特质——梦幻感。开始的热身环节，是为了让辅导对象调整状态，专注于我们的活动，因此在辅导对象都能够比较轻松地完成指令后，我们就结束了该活动，为后续的内容留出时间。

在“优律司美律动操”这一环节中，我们让辅导对象充分地活动自己的身体，让身体和心理状态都处于一个比较放松的状态，且动作难度不高，辅导对象学习到了这些动作之后也可以在家中练习，锻炼身体、放松身心。

“蜂蜜蜡手工”环节我们需要让辅导对象感受到生命与灵性，善于发现周围环境中富有动态的、有生命力的物质。从本次团体辅导的效果反馈来看，还是取得了预期的效果的，但从“蜂蜜蜡手工”对生命意义的思考来看，引导深度还欠缺，需启发辅导对象透过自己的作品与自己的人生经验做连接，从而思考生命的意义是什么。

活动五　让生命树常青——生命教育主题

一、活动理念

埃里克森提出，走过漫长的人生旅途，老年人往往会对自己的一生进行回顾和总结，若他对自己的一生感到满意，则产生完美感，很有“死而无憾”之意；若对自己的一生感到失望和厌恶，则产生绝望和厌烦之感。人就是在解决这种矛盾的过程中走完自己人生的最后历程。

对于生死观，孔子认为“不知生焉知死”，与之相反，庄子提出了“不知死焉知生”，即只有先认识到死亡或人必有一死，我们才能对生有更高的理解和领悟。生命教育，即是直面生命和人的生死问题的教育，其目标在于使人们学会尊重生命、理解生命的意义以及生命与“天人物我”之间的关系，学会积极地生存、健康地生活与独立地发展，并通过彼此间对生命的呵护、记录、感恩和分享，由此获得身心灵的和谐，事业成功，生活幸福，从而实现自我生命的最大价值。

相关研究发现，目前我国老年人对待死亡问题时大多数仍然存在恐惧和焦虑情绪，不能坦然面对死亡。虽然有少数老年人能够认识到死亡是一种自然现象，但由于受传统观念的影响，他们在真正面对死亡时，害怕、恐惧的心理也依然强烈，不能真正做到坦然地面对死亡。为此，本次活动以生命教育为主题，借助心理套娃工具，通过与故人对话的形式，来减轻他们对待死亡的焦虑和恐惧感，澄清他们过往的心结，从而帮助他们树立科学、健康的死亡观，提高晚年生活的质量。用到心理套娃的原因主要有三点：第一，套娃具有“人”的形象，可以在活动中充当故人的角色；第二，套娃作为投射测量的有效工具之一，有助于辅导对象将对故人的情感投射在套娃这个客体上；第三，在表达性艺术心理治疗中，套娃工具外形简约可爱，可以减少辅导对象的心理防御，更好地自我揭露。

以“天气预报”活动作为辅导活动的开场，主要是希望通过这个活动，使辅导对象的注意力、反应能力以及记忆力得到一定的训练，增强大脑的灵活性。第二个活动“身体舒卷”，指导辅导对象做出“婴儿蜷缩”的身体姿势，看起来仿佛在母胎中的婴儿，在母亲体内感到非常安全，由于在“致敬故人”环节需要辅导对象进行较深程度的自我暴露，因此安全的氛围是非常必要的。另外主持人在引导辅导对象进行活动时加入“像树一样成长”“像花一样开放”等语言，是给辅导对象积极的心理暗示，使其更好地参与活动。在“致敬故人”中，以套娃当做“故人”，并与其对话，目的是减轻辅导对象对待死亡的焦虑和恐惧感，澄清其过往的心结，改善其情绪状况。以《感恩的心》手语操做结束活动，进一步强化辅导对象与故人的连接，感恩故人给其带来的生命力量。

二、活动目标

(1) 训练辅导对象的注意力、反应能力以及记忆力，增强大脑的灵活性，减缓老化速度。

(2) 启发辅导对象与故人做连接，使其坦然面对死亡，建立科学、健康的生死观。

三、活动道具

水彩笔、蜡笔各 4 盒，8 cm×10 cm 小纸条 5 张/人，套娃 1 套/人。

四、活动设计

活动名称	活动目的	活动时间	备注
精彩回顾	唤起团员对上一次活动内容的回忆，使其有所触动，带着感悟投入到本次团体辅导中。	5 分钟	
天气预报	训练辅导对象的注意力、反应能力以及记忆力，增强大脑的灵活性，减缓老化速度。	5 分钟	
身体舒卷	舒展辅导对象的肢体，使其感受到生命的力量，同时营造一种安全的氛围。	15 分钟	

续表

活动名称	活动目的	活动时间	备注
致敬故人	启发辅导对象与故人做连接，坦然面对死亡，建立科学、健康的生死观。	70 分钟	将水彩笔、蜡笔、小纸条、套娃等道具派发到个人。
手语操——《感恩的心》	通过仪式感的手语操，强化辅导对象与故人的连接，感恩故人给其带来的力量。	5 分钟	

五、活动方案

（一）热身活动：天气预报

活动目的：训练辅导对象的注意力、反应能力以及记忆力，增强大脑的灵活性，减缓老化速度。

活动规则（该活动为全体活动）：

（1）全员站立围成一个大圈。

（2）根据主持人给予的指令做相应的动作。主持人说“刮风”，全员则用手轻拍自己的头；“小雨”，全员则用手轻拍自己的肩膀；“中雨”，全员则用手轻拍自己的大腿；“大雨”，全员则双手鼓掌；“暴雨”，全员则做跺脚动作。

（3）主持人下达指令的速度由慢渐快，开始时慢些，待全员熟悉游戏规则后，可加快指令的速度（亦可让辅导对象自行发号施令）。

（二）主要活动

1. 身体舒卷

活动目的：舒展辅导对象的肢体，使其感受到生命的力量，同时营造一种安全的氛围。

活动规则（该活动为全体活动）：

（1）全员围圈而立，首先尽量让自己的身体蜷缩，双手握拳放在额头前方（像婴儿在母亲的肚子里的姿势），蜷缩着身体慢慢向圆中间靠拢，再慢慢挺直身体，张开双臂，往后退，回到初始位置，然后再以同样的姿势向圆中间靠拢，以同样的姿势慢慢往后退，回到初始位置，进行 2～3 轮（注：可让辅导对象轮流带领大家做该活动）。

(2) 再一次让自己的身体蜷缩,双手握拳放在额头前方,蜷缩着身子慢慢向圆中间靠拢,然后慢慢挺直身子,张开双臂,向自己身后右侧(或左侧)移动两个身位(数字可根据实际情况调整)往后退……以此类推,直到所有人回到原始位置。

注意:该活动在上一次(第四次)团体辅导的热身活动环节做过,本次团体辅导将它作为主要活动,重在树立辅导对象的安全感,为下面的活动打好基础。

活动后分享:

(1) 再次做这个活动,您有什么新的体验?有什么思考吗?

(2) 这个活动给您带来怎样的感受?有什么想跟大家分享的吗?

2. 致敬故人

活动目的:启发辅导对象与故人做连接,坦然面对死亡,建立科学、健康的生死观。

活动规则(该活动为全体活动,但为了分享的充分,也可以分小组进行):

(1) 根据实际情况划分场地,保证每位辅导对象都有属于自己的位置且不受他人侵扰。

(2) 每人分发一个套娃(10层),5张小纸条(辅导对象可根据自己需要向工作人员多要几张纸条)。

(3) 每位辅导对象将套娃解套,首先选择一个套娃代表自己,然后选择能够代表自己逝去的亲人、朋友、老师等重要人员的套娃,按照这些人在自己心中的位置(重要程度)逐一摆开,将他们与自己的关系用水彩笔逐一写在小纸条上,然后将写好的小纸条压在相对应的套娃(故人)下面。

(4) 每位辅导对象逐一与自己的故人进行对话,并把与每位故人对话的关键词写在对应的小纸条上。

(5) 分享完自己对故人想说的话以后,辅导对象要在与此故人对应的纸条背后写上他/她可能想要对自己说的话。

(6) 对故人进行一个仪式性地告别,结束该活动。

注意:进行该活动时要播放背景音乐《奇异恩典》。

活动后分享:

(1) 您对话的故人和您是什么关系,您对他们说了什么话?

(2) 您对话的故人和您说了什么话呢?他们对您有什么样的寄语吗?

(3) 做这个活动您的心情怎么样?您的感受是什么?

(4) 做完这个活动您有什么新的发现吗?有什么思考吗?

(三) 结束活动:手语操——《感恩的心》

活动目的:通过仪式感的手语操,强化辅导对象与故人的连接,感恩故人给其带来的力量。

活动规则：全员随机站成两排，跟随视频一起做《感恩的心》手语操。

活动五教学课件

活动五精彩回顾

六、活动总结

（一）老年人在热身活动中的表现

在“天气预报”热身活动中，主持人在游戏开始时先重复若干次指令，让辅导对象熟悉规则，然后让辅导对象每人轮流发2～3个指令，这样既能提高辅导对象的参与度，又能对其反应力有一定量的训练。在活动中，每个指令都会有相应的肢体动作，例如“刮风”对应拍拍头部，“小雨”对应拍拍肩膀，“中雨”对应拍膝盖，“大雨”对应鼓掌，“暴雨”对应跺脚，这样不但能训练团员们的反应力、注意力和观察力，而且能起到很好的热身作用。

在发指令过程中，语速在慢速和中速的时候，大家都容易做对，而在快速指令的时候，会容易出错，动作跟不上，在经过多次重复后，大部分辅导对象都能做对。在这个过程中，有个别辅导对象还进行了创新组合指令，如“大小雨”“大中雨”等。

辅导对象表演“大雨”指令（鼓掌）

辅导对象表演“小雨”指令（拍肩）

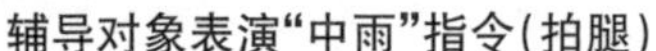

辅导对象表演“中雨”指令(拍腿)

辅导对象分享活动心得

在“身体舒卷”热身运动中，主持人带领辅导对象复习上周活动中的“优律思美律动操”的一个动作：像婴儿一样蜷缩（双手握拳合并靠在头部前面），像植物生长一样展开(由蜷缩状双手往上舒展开来）。本环节还是从主持人开始，然后是每位辅导对象轮流发一次指令，直到最后一位辅导对象发出指令，结束本环节。

之所以进行这一活动，一方面是为了帮助他们回忆起上次活动的那种轻松气氛，另一方面也是为了借助这种模仿婴儿在母亲肚子里呼吸的动作，带给他们安全感，为后面的“致敬故人”活动做铺垫。

在分享环节，辅导对象说的高频句是：“通过这个活动，自己的身体都暖起来了，觉得很舒服，心情很轻松。”

“身体舒卷”热身运动

(二) 老年人在主要活动中的表现

本次团体辅导的主要活动是“致敬故人”。在给辅导对象分发套娃时，他们对其还是有点好奇的。但当主持人介绍完这一环节的活动规则时，大家表现得就没有上一环节那么轻松了，加上背景音乐的烘托，大家开始慢慢地陷入一种沉思的状态。步入桑榆之年，辅导对象有过不同的生活经历，故人逝去的经历在所难免。

在背景音乐的烘托和主持人的引导下，辅导对象开始用套娃摆出自己的“故人”，有长辈、朋友、兄弟姐妹、师长以及因意外去世的孩子等。但我们也可以看出不同的辅导对象，对于其故人的态度是不同的，有的人的态度是一种释怀，有的人的态度是怀念和责任，也有的人对故人念念不忘，沉浸在故人离去的难过情绪之中。不过到了后面的“故人对我说”环节，大部分人都恢复了平静，他们表示，这一活动过后，他们变得更为释然，且从故人身上，他们还感受到了责任和力量，这一环节的高频句是：“逝者已逝，生者要好好活着！”

在此活动中，大部分辅导对象摆出来的套娃都是代表着自己的家人，而L先生的套娃有家人、恩师、朋友等故人，在后面的分享活动中，摆出“家人”套娃的辅导对象的发言得到了更多人的共鸣，而L先生得到的反馈相对来说会少一点，这可能是由于其他对象的情感体验此时主要集中在家人上，而对朋友、恩师等情感体验相对没有那么强烈。此外，我们对于辅导对象的态度和分享不做任何评价，更多的是让辅导对象之间进行分享和探讨，交流不同的观点，对于他们真实地分享自己的生死观会有所帮助。

在活动中，L先生代表“自己”的套娃是体型最小的那个，可能给人第一印象就是他的“自我”非常渺小，可是对于一个经历过人生风雨的人来说，果真如此吗？从他的分享来看：“对父母说，养育恩深，记在心中，恩情永世难忘；对兄弟姐妹说，手足情深，终生难忘；对恩师说，德高望重，高山仰止；对好朋友、同学说，陪在身边，患难之交，同学情谊天长地久；对自己说，对于世界，我们是渺小的，感谢相助自己的人，不忘恩惠，要懂得做贡献，不抱怨生活，关注正能量，不计较消极的事情。”“做贡献”“正能量”“积极乐观”等词，何尝不是一种大爱呢？他表示自己并没有遗憾，而是鼓励大家多看到一点生活中积极的一面，不要过分计较消极的东西，这不是一种人生智慧吗？当岁月洗去铅华，才能看到这么一颗纯洁的心。

该活动分享环节出现的另一个高频词是“心情较轻松”“内心释怀”“珍惜当下”“好好生活”等，可见该环节对于帮助他们释放压力、减轻焦虑起到了一定的作用。我们的初衷是希望辅导对象能从跟“故人”的对话中获得力量，更加积极地面对生活，减轻焦虑。

G女士：“爸，您放心，我没有给您抹黑；妈，请您放心，兄弟姐妹们生活都很好；大伯，向您致敬；姑奶，我没有辜负您的愿望，家庭工作都好。”

Z女士：“爸，我想您了；凉山英雄们，一路走好，未完成的事让后人完成。”

X 先生:“父亲会说,‘孩子,好好生活,为社会多做好事,发扬传统美德’。”

Q女士:“父亲会说,‘照顾好妈妈,要坚强’。”

Z 女士:“父亲会说,‘如果有来世,我们还是父女,把家人都照顾好’。”

(三)老年人在结束活动中的表现

本次团体辅导的结束活动主要是对辅导对象的悲伤情绪做一定程度的处理,《感恩的心》的歌曲旋律本来就给人一种平静、温暖、感恩的情绪体验,在一定程度上可以很好地缓解由上一环节导致的悲伤情绪,让辅导对象的悲伤尽可能留在本次活动中,随着活动的结束也能慢慢消除,而不是带着悲伤的情绪面对生活。此外,本环节还让辅导对象跟着视频做手语操,通过模仿、做出视频中的有力量、有爱的动作,给辅导对象积极暗示,让他们更有力量面对生活,提高心理健康水平。

活动开始,大家还是有些拘谨的,只有个别辅导对象跟着视频做一些动作幅度比较小的动作,可能是还受上一环节的影响,不过渐渐地,随着主持人和辅导员跟着加入一起做手语操后,大家也开始变得主动起来。因为这一套手语操的动作不复杂,大家都可以跟得上视频里面的动作,并且他们做起来之后很投入,认真地按照视频中的动作做了出来。或许,他们想要把这份感恩之情传达给故人们吧!

手语操作为结束活动,很好地将上一环节留下的感动、感激、不舍、留恋等的情绪转化为了感恩之情,随着音乐的终了,我们本次的团体辅导活动也结束了。

“让我有勇气做我自己。”

“感恩的心，感谢有你。”

七、辅导后反思

在本次活动中，对于辅导对象的悲伤情绪处理是比较合理的。在任何活动中，如果会引起辅导对象较长时间的悲伤等情绪体验，在活动结束时应及时处理，降低悲伤情绪的体验，避免悲伤情绪影响辅导对象的生活。

在“致敬故人”环节的分享时，由于对某个辅导对象的引导时间过长，忽略了对其他人的情绪关照，降低了辅导对象的参与度，因此在后面的活动中，对某个辅导对象的引导和反馈应把控好时间，由于主持人需要注意场上的各个方面，兼顾不过来，现场辅导员可做一定的提醒。

由于下次活动开场前会看到本次活动的精彩回顾，因此在做活动回顾时，应多多关注活动中的积极方面，把让人感到有力量、积极的情感、感恩的体验等内容放到回顾中，给辅导对象一定的积极暗示，避免产生较沉重的氛围。另外，下次活动的开场可设置更多趣味性的游戏，更好地调节现场氛围。

活动六　让我来告诉你(上)——生命观主题

一、活动理念

在上一次团体辅导中，我们对生死观、生命教育主题进行了探索，本次团体辅导我们依然围绕着“生命”主题开展活动，采用绘画治疗技术，引导辅导对象侧重在“生命观”方面进行思索。

绘画治疗属于表达性艺术治疗技术之一，它能很好地促进每个人的自我表达。与文字表达一样，它也是一种记录日常生活中微妙感受的方法。它可以让我们用绘画的形式看到最初那个抽象而又模糊不清的概念，因为对很多人来说，可能难以用文字去描述对某个人的复杂感情，失去某个人的痛苦，压力下的焦虑、紧张情绪等，而这些却可以通过绘画自然地、不加防御地表现出来。绘画治疗的目的不在于绘画，而在于心灵的表达。其最大的优势是，它不需要你成为一位艺术家，也不需要你在绘画方面有过专业的训练，或是有所谓的“艺术天赋”。所有人都具备借助自己内心的意象语言表达情感和情绪的能力。在绘画的过程中，绘画者获得了压力的疏解与内心的满足，从而起到疗愈心灵创伤的良好效果。

生命观是人类对自然界生命物体的一种态度，是世界观的一种，包括对人类自身生命的态度。从人类历史发展整体看，生命观反映社会的文明程度和人类对自身的认识程度。

我们的辅导对象已经积累了逾六十年的生命经验，让他们回顾过往的风云岁月，每个人一定都会有数个令自己刻骨铭心的故事。我们将通过“我的故事我的歌”主要活动，让他们画出自己的生命精彩、自己的岁月沧桑，将影响自己身体、学习、工作、人际交往以及生活等重要故事都画出来、分享出来。相信他们在对自己的重要人生经历进行回顾、梳理时，在聆听辅导对象对“生命观”的诠释中，其内心世界的那份激情被重新唤起，从而以更加积极向上的心态去面对未来生活中可能会出现的种种挑战。正如著名学者陆晓娅所说：“生命的自觉，是开启老年生命成长的钥匙，它可以让我们意识到，即使在衰老悄然影响生命的时候，我们仍然能够有所选择，能够改变自己，改变自己和这个世界的关系。”

本次团体辅导的热身活动一如既往地以训练辅导对象的脑力为主，采用“007”

这个具有刺激性、挑战性的游戏训练辅导对象的注意力、反应力及思维策略。因为本次主要活动绘画所需时间较长,所以将分为上下两期进行,本次活动主要以画出“生命故事”为主。

二、活动目标

(1) 继续训练辅导对象的注意力、反应力及判断力,增强其大脑的灵活性,减缓老化速度。

(2) 通过绘画的形式减轻辅导对象的心理防御,唤起其内心深处的记忆,绘画出自己的生命故事,思考自己成长中对自己生命有重要影响的人和事,总结、反思过去的经历给自己带来的经验及教训,以利自己今后的生活。

三、活动道具

4 开画纸 1 张/人,蜡笔 1 盒/3 人,水彩 1 套/3 人。

四、活动设计

活动名称	活动目的	活动时间	备注
精彩回顾	唤起辅导对象对上一次活动内容的回忆,使其有所触动,带着感悟投入到本次团体辅导中。	10 分钟	
“007”游戏	热身,继续开发、训练辅导对象的注意力、反应力及判断力,增强其大脑的灵活性,减缓老化速度。	30 分钟	
我的故事我的歌	通过绘画的形式减轻辅导对象的心理防御,唤起其内心深处的记忆,绘画出自己的生命故事,思考自己成长中对自己的生命有重要影响的人和事,总结、反思过去的经历给自己带来的经验及教训,以利自己今后的生活。	50 分钟	分发画纸和绘画工具。

五、活动方案

（一）热身活动："007"游戏

活动目的：热身，继续开发、训练辅导对象的注意力、反应力及判断力，增强其大脑的灵活性，减缓老化速度。

活动规则（该活动为全员活动）：

(1) 全员围成一个大圈站好。

(2) 首先，一位辅导对象用手指随机指向圈中一人并同时大声喊出"0"。

(3) 被指到的那人要迅速做出反应，再用手指随机指向圈中一人并同时再次大声喊出"0"。

(4) 此次被指到的那人要迅速用拇指和食指比划出开枪状，随机对准圈中一人并同时大声喊出"7"。

(5) 被指到"7"的那人要迅速身体向后倾斜做出装死状（注意：不得举手、不得发声，否则算犯规），其左右两边的人都要做出被惊吓到双手举起，并大声发出"啊"的声音的状态（注意：没有举手或者只举手没有发出"啊"声都算犯规）。

(6) 一轮结束，再由被指到"7"的那位"中枪者"从"0"开始，继续进行"007"游戏。

(7) 说错、反应迟缓、不该反应做出反应者即被罚出局。一轮结束，最后剩下的 3 人为胜利者。该游戏进行两轮。

活动后分享：

(1) 您是留到最后的那个人吗？您是用怎样的技巧和方法取得胜利的呢？

(2) 当您被罚出局的时候，有什么样的感受呢？

(3) 当您被罚出局后，在第二轮的游戏中，有没有调整自己的心态积极应对呢？

(4) 游戏结束了，您有哪些想对大家说的吗？

（二）主要活动：我的故事我的歌

活动目的：通过绘画的形式减轻辅导对象的心理防御，唤起其内心深处的记忆，绘画出自己的生命故事，思考自己成长中对自己的生命有重要影响的人和事，总结、反思过去的经历给自己带来的经验及教训，以利自己今后的生活。

活动规则：每位辅导对象先将 4 开大小的画纸折成六宫格，然后按照逆时针

(故事年代由近及远)的顺序依次在格里作6幅画(以蜡笔作画,作画完毕后根据自身感受用水彩给该画面涂上背景颜色),每幅画均代表着自己人生中发生的重要事件(可能是正性事件,也可能是负性事件),绘画按照时间顺序来画(该活动为全体活动,亦可分小组进行)。

注意:在进行该活动时要播放背景音乐 *There Is None Like You*《无人能像你》,制造氛围,用音乐的氛围带动辅导对象的思考。主持人要强调:画得好坏并不重要,只要能基本表达所经历的重要事件即可。

活动六教学课件

六、活动总结

(一) 老年人在热身活动中的表现

"007"游戏是一个十分考验反应与策略的游戏,在游戏刚开始时,明显感受到部分辅导对象跟不上节奏,尚未理解游戏规则,出现指令人不知道该干什么,"中枪者"发出了声音,而在其两侧的人一动不动的情况。此时理解力较好的辅导对象会出手帮助,主持人此时也故意放慢节奏。随着几轮游戏的进行,大家开始进入状态,游戏速度也在逐渐加快,纷纷开始意识到可以利用策略去淘汰别人。如一位辅导对象发指令时连说两个"0",用食指指向自己两次,随即又用拇指和食指做开枪手势又指向自己迅速做出装死状,这一举动令其左右两位成员措手不及,完全反应不过来,直接被罚下。随着这位辅导对象策略的成功运用,其他辅导对象陆续脑洞大开,纷纷使出浑身解数去淘汰别人。第一轮游戏结束后,大家情不自禁地讨论起该游戏的策略来。这也反映出了这些处在"耳顺"和"从心所欲不逾矩"之龄的老人们的阅历与智慧。

游戏结束时,大家仍意犹未尽,兴致满满。这有些出乎我们的意料。当初选择做"007"游戏时,我们还担心这个游戏老年人能反应过来吗?他们反应不过来就没有心情玩了吧?事实证明,老年人可挖掘的潜力是很大的,经常性地做像"007"这样的训练大脑注意力、反应力的游戏,对延缓老年人大脑的衰老是大有裨益的。

辅导对象在适应游戏

辅导对象开始使用策略

决出胜者

“反应要快，脑子要灵。”

“注意力要集中。”

（二）老年人在主要活动中的表现

这个环节借由绘画的形式，把辅导对象心中最为难忘的六个画面按时间顺序呈现出来，作画完毕后依据自己的感受给该方格中的画涂上背景颜色。借由这一形式，帮助辅导对象把一直难忘的瞬间进行回忆并把当时的感受抒发出来，使他们重新感悟过去。

在活动开始前，有一小段时间让辅导对象进行回忆，有些辅导对象很快进入回忆状态，也有些辅导对象则表现得不知所措，此时辅导员就会前去与其交流，引导其进行回忆。

在活动开始阶段，大多数辅导对象有无从下笔的感觉，但随着陆陆续续有人开始绘画，大部分辅导对象都有了自己的想法，但是他们会抱怨说自己不会画画，所以，他们表现得畏手畏尾，下笔十分谨慎。辅导员会前去引导，告诉他们不必在意画画得好坏，这不是画画比赛，此次的目的只是把想表达的东西画出来即可，无需全部人明白，只需自己知道它代表的含义即可。在辅导员的引导下，大部分人进入了状态，但有一位老先生却一直没有下笔，他说没有想画的事情。辅导员又对他进行耐心地引导，启发他想想自己人生的重要转折点（升学、参加工作、结婚、生子等）有没有令他难以忘怀、甚至是难以释怀的事情。慢慢地，他说出了几个青少年时代的故事，随即开始挥笔作画。观看他们的画，有人从最近的时间开始画起，有人从最远的时间画起，也有人不按时间顺序直接从印象深刻的事情开始画。从作画内容上看，基本上每位辅导对象都会用一到两个方格去画出童年时的画面，不过也有一位辅导对象只画近来的事情。从时间跨度上看，有人每个年代都会画一个，有人对最近发生的事画得多一点，主要集中在童年与晚年，也有一位辅导对象把自己周游世界的经历画上去。绘画主题大都集中在家人、童年、健康、求学等方面。在涂上背景颜色环节中，大多使用红色、黄色等暖色调，但也有使用黑色、褐色等冷色调来表达当时感受的。

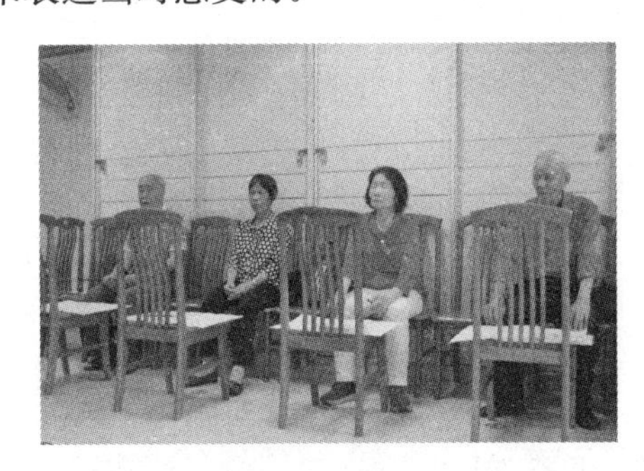

辅导对象在主持人的引导下绘画

辅导对象作品展示(部分)

七、辅导后反思

本次团体辅导因绘画需要占据大量的时间,所以只进行了两个活动(热身活动和主要活动)。热身活动“007”游戏受到空前的欢迎,而且,辅导对象玩得如此开心,确实出乎我们的意料。实践证明,“007”游戏可以作为老年人活动的优选游戏。

主要活动“我的故事我的歌”对于一辈子习惯了用语言和文字来表达情感和思想、又基本上没什么绘画基础的老人们来说,突然让他们用绘画来讲故事,真有点“挑战不可能”的感觉!但从实操情况来看,我们设计的这个活动还是经得起检验的。从他们的画上看,内容还是很丰富的,期待着下一次的分享环节欣赏他们的“生命故事”。在此环节出现的问题是:主持人对时间顺序没有强调清楚,导致有一部分辅导对象在六宫格里作画的时间顺序没有按照我们的要求(从左上角开始按照故事发生的时间由近及远的逆时针顺序)作画,规则的不统一对于分析研究会存在问题,对于辅导对象的疗愈也会有点影响,这个问题我们把它总结出来,提醒同行们注意。

活动七　让我来告诉你（下）——生命观主题

一、活动理念

本次活动是上一次（第六次）活动的继续，活动理念不再复述。

二、活动目标

（1）用热身游戏“007”和“左抓右逃”训练辅导对象的反应力、注意力及压力承受力。

（2）通过辅导对象分享自己绘画的内容以及感受，启发他们从新的角度去审视自己的过去，对于自评的负性事件做出积极的赋意。

（3）通过“让我来告诉你”活动，反馈本次活动的效果，通过自己给他人及他人给自己的“背书”（辅导对象在前一位同伴的后背上写下的话语）进一步审视自己的生命观。

三、活动道具

彩色卡纸（10 cm×15 cm）1 张/人，写字笔 1 只/人，A4 纸 1 张/人，文件小夹子 1 个/人。

四、活动设计

活动名称	活动目的	活动时间	备注
“007”游戏	重温上次活动内容,开发、训练辅导对象的注意力、反应力及判断力,增强其大脑的灵活性,减缓老化速度。	10 分钟	
左抓右逃	训练辅导对象的反应力、注意力及压力承受力。	10 分钟	
我的故事我的歌(分享环节)	通过辅导对象分享自己绘画的内容以及感受,启发他们从新的角度去审视自己的过去,对于自评的负性事件做出积极的赋意。	50 分钟	辅导对象取回上周的画。
让我来告诉你	反馈本次活动的效果,通过自己给他人及他人给自己的“背书”进一步审视自己的生命观。	20 分钟	派发卡纸和文件夹。

五、活动方案

(一) 热身活动

1. “007”游戏

活动目的:重温上次活动内容,开发、训练辅导对象的注意力、反应力及判断力,增强其大脑的灵活性,减缓老化速度。

活动规则:规则同活动六,此处就不再述及。

2. 左抓右逃

活动目的:训练辅导对象的反应力、注意力及压力承受力。

活动规则:

(1) 全员围成一个封闭的大圈站好。

(2) 两臂平举,每位辅导对象的左手掌心朝下、手掌放平,准备抓住站在自己左手边的团员向上竖起的右手食指;每位辅导对象的右手食指向上竖起放在站在自己右手边的成员的左手掌心下,做好随时准备“逃”的姿态。

(3) 全员认真听主持人朗读的文章,只要听到“乌龟”一词,大家便要迅速做出

"左抓右逃"的反应,也就是左手要迅速抓住左边人的右手食指,同时右手食指要"逃脱"右边人的"抓捕"。

主持人朗读的文章《乌鸦与乌龟》:

森林里的小溪旁有一间小屋,住了一只乌龟,它有着一双乌溜溜的大眼睛。乌龟有一个好朋友,是一只羽毛乌黑发亮的乌鸦。有一天,乌云密布,突然下起了大雨,乌鸦赶忙躲进了池塘边的屋檐下。乌鸦在小屋外吓得浑身发抖并且哇哇大叫,乌龟听到乌鸦的叫声后打开门想看看发生了什么事?乌鸦看到乌龟就破口大骂:"看到乌云就知道要打雷和下雨了,还不快点让我进去躲雨。"乌鸦飞进了屋里,把乌龟的家弄得满地乌泥,乌龟很生气。因为天黑屋子内光线很暗,乌鸦乱飞,把乌龟的家又弄得乌烟瘴气。乌鸦和乌龟吵了起来。住在隔壁的巫婆过来劝架,可是她不知道是该劝乌龟还是乌鸦。

活动后分享:

(1) "左抓右逃"游戏令您开心吗?整个游戏过程中您有压力感吗?

(2) 您觉得玩这个游戏有什么方法和诀窍?

(3) 游戏后您的感受是什么?有什么想对大家说的吗?

(二) 主要活动:我的故事我的歌(分享环节)

活动目的:通过辅导对象分享自己绘画的内容以及感受,启发他们从新的角度去审视自己的过去,对于自评的负性事件做出积极的赋意。

活动规则(该活动先小组分享后再全体分享):

(1) 将上期绘画作品向左右同伴分享感受。

(2) 说出当时经历这件事情的感受,以及它为什么难忘。

(3) 说出你现在对此事的感受。

活动后分享:

(1) 您为什么会选择这个画面呢?请您来讲讲画里面的故事。

(2) 您当时经历这些事情是怎样的感受?现在回过头来看这些事情又是怎样的感受呢?

(3) 如果现在让您对当时的自己说一句话,您会说什么呢?

(三) 结束活动:让我来告诉你

活动目的:反馈本次活动的效果,通过自己给他人及他人给自己的"背书"进一步审视自己的生命观。

活动规则:

(1) 每位辅导对象把通过绘画和分享所产生的人生感悟写在彩色卡纸上。

(2) 全员写完后,前后围成一个封闭的圆圈站好,每位辅导对象将自己写的彩色卡纸夹在前面同伴的后背衣服上形成“背书”,并双手搭在其肩上。

(3) 播放背景音乐《掌声响起》(陈林,萨克斯版),随着音乐律动前行,站在后面的人大声朗读前面同伴的“背书”。

(4) 活动结束后,将自己写下的“背书”送给同伴,仪式感地结束该活动。

活动七教学课件

活动六、活动七精彩回顾

六、活动总结

(一) 老年人在热身活动中的表现

“007”游戏在上一次活动中已经被大家熟知了玩法,所以在游戏进行过程中辅导对象玩得比较得心应手,各种策略都信手拈来,所以游戏节奏进行得比较快,淘汰的不再是规则不明的人员,而是不小心失误的人员。

“左抓右逃”是一个十分考验专注力、反应力、听力和心态的游戏,在游戏开始前会规定一个特定词语,如“乌龟”。准备就绪后,主持人会朗读一个故事,在听到特定词语“乌龟”时,要马上抓住同伴的食指,与此同时自己的食指要不被抓到,而且故事中“乌龟”不止出现一次,在一句话中可能会连续出现三四次,也可能两三句话都没有出现,这需要大家保持注意力高度集中。同时,也会有干扰词语出现,如“乌鸦”。在故事朗读过程中,“乌鸦”与“乌龟”的交替出现,也增加了游戏难度。

在游戏过程中,大家对这个游戏感到十分的新鲜,一开始便投入进去了。各辅导对象的反应力还是有差别的,反应快的人总是可以抓到别人,而反应较慢的人在被抓几次后,学会了先不被抓。有些辅导对象热衷于抓住别人,而有些辅导对象则喜欢不被抓就好。在一抓一逃中,大家表现得十分开心与放松。原本我们设计这个游戏的初衷有一方面是让辅导对象感受到压力的(每个人在游戏中总是处在可能被抓的紧张状态中),但是,经历了“大风大浪”的老人们似乎已看淡了“输赢”,他们只追求玩得轻松、玩得开心。在这一点上,老年人与正处在拼搏中的年轻人比起来,心态明显占优势。游戏分享环节中,辅导对象纷纷表示游戏十分有趣。主持人在采访时问起大家心态上的变化，一位辅导对象说:“被抓不要紧，下次逃掉就可以了。”这句话普遍代表了辅导对象在游戏中的心态，还有辅导对象表示要回家和孙子玩这个游戏。

虽然这个游戏运动量不大，本次活动进行时的气温也还不高，但是几轮游戏过后，大家都开始流汗了。这也说明这个游戏产生了效果，达到了我们预期的目的。

辅导对象参与“007”游戏和“左抓右逃”游戏

(二) 老年人在主要活动中的表现

“我的故事我的歌”分享环节，一方面是让辅导对象相互分享自己绘画作品中的内容，以及说出当时的感受，在与组员的交流之中，重新去审视自己画出的“事件”;另一方面,在向组员叙述的过程中,也是一次对于过去的梳理。同时从其他辅导对象的分享中去学习、领悟、反思自己的生命观。

在心理学理论中,分享过去也就是一次释放,因为此次分享是基于平等、耐心和保密的原则下,一些从未与别人说过的感受在分享之中得到了释放,也得到了认同。

“接受不能改变的事情。”

“心态要越活越年轻。”

“岁月悠悠,执着又是为何?”

“经历磨难之后,更能去体谅到他人。”

“人可以创造很多奇迹,对于过去的事要学会释怀。”

此次分享分为两部分,先是三人为一组,小组内相互分享沟通,所有小组分享完毕后,分发 A4 纸写下自己想说的话,然后鼓励大家向全员分享自己的故事或者感悟。在小组分享的过程中，辅导员会在一旁倾听并在适当时候加以引导，如在交流无法进行或陷入卡顿时，辅导员会提供新的分享方向及一些必要性提问。例如有一位辅导对象选择了黑色作为其中两幅画的背景色，辅导员问：“为什么你选了这种背景色？”其解释，黑色并不代表悲伤，而是代表庄重，由此反映出真正的绘画分析师是绘画者本人。

在向全员分享的环节，大家都十分踊跃，乐意与大家分享自己的故事与感受，尽管大家分享的内容、方向、层面各不相同，但总体来看，大多数辅导对象的生命观是积极的。

（三）老年人在结束活动中的表现

本次团体辅导的结束活动是“让我来告诉你”，这个环节是对上个分享环节的升华，对于上一环节的分享以及听到的故事，大家心中肯定有不少感悟，将其写下来并大声朗读，使自己有更深的体会，最后的赠送环节更是一种良性循环，让自己的感悟在你我之间传递。

辅导对象在卡纸上写下感悟

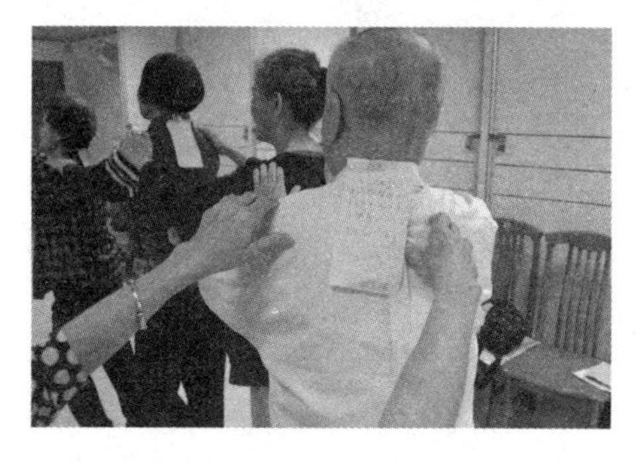

“不和别人争，才能度过一个有意义的人生。”

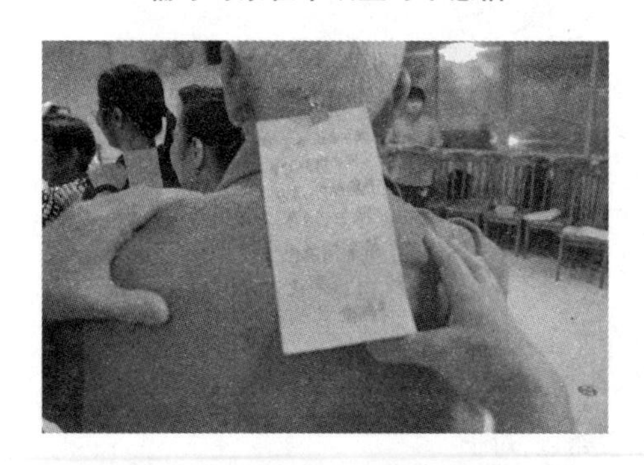

“人一生应不断学习，保持年轻心态。”

相互赠予“背书”

首先会给大家时间整理思绪、撰写内容，然后前后围圈站好，把写下感悟的彩色卡纸夹在前面同伴的后背衣服上并把手搭在其肩上。当“掌声响起”的音乐一响起,大家伴随着音乐的节奏缓步前行,一边前行一边大声读出同伴后背卡纸上的内容,让各自的感悟在彼此的心中生根发芽,记在心田。随后大家把写下感悟的卡纸送给自己心仪的同伴。大多数辅导对象会把卡纸送给小组分享时的同伴,以给予的方式让感悟在团体之间流动,在增进他们之间的感情之余,还能透过给予再次加深本次团体辅导的效果。

七、辅导后反思

本次主题分上、下两次活动进行,本次活动的主要环节是对自己画作的分享,需要时间让辅导对象重新回到作画时的状态来进行分享。小组进行分享时,辅导员进行适当记录并且可以适当地提出问题,帮助辅导对象进行总结。虽然分享环节的原则是畅所欲言,但是辅导员也要注意不要让辅导对象过度沉浸于某个阶段的故事,而是要将画作中的六个故事尽量分享完。

有些问题辅导对象并不会表达出来,此时需要辅导员用心提问,如,“您这个故事的底色为什么会选择这个颜色呢?”“为什么画了三个童年时期的故事呢?”“这件事您当时的感受是怎样的? 记到现在您是怎么做到的?”辅导员要根据辅导对象的绘画内容、根据他(她)讲出来的故事来提问。

“让我来告诉你”是本次主题的结束活动,也是辅导对象对生命观的另一种形式的表达。此时主持人应尽量平复辅导对象的心情,使其情绪平稳地写下人生感悟。在围圈朗读“背书”时,既可增加辅导对象之间的感情,又是对本次活动的升华。最后相互赠送“背书”是大家彼此对生命观的交流、传递,辅导员要鼓励辅导对象把“背书”给予出去,并确保每个人都能拿到其他人的“背书”。

活动八　让我们爱自己——自我探索主题

一、活动理念

本次团体辅导我们将开始“自我探索”之旅。自我探索是一个人认识自我的过程，包括对于自我性格、能力、兴趣、价值观的全方位认识。我们带领辅导对象第一站进入的是各自的家庭（包括原生家庭及核心家庭），使用套娃来摆家庭雕塑，从而指导辅导对象去观察自己的家庭人际互动情况、家庭动力模式，思考家庭对自己性格、能力、兴趣、价值观等的影响。

家庭雕塑是利用空间及家庭成员之间的生存姿态、距离等身体语言的方式形象地在一个场域内（一定的空间范围内）呈现家庭成员之间的关系，借助雕塑过程中的言语表达，可以让家庭中那些未被言说和未被关注的情感浮现于家庭之中，进而改善家庭成员间的互动与家庭关系。

本次活动中再次使用到心理套娃，主要原因是：第一，由于本活动是团体辅导，并非个体咨询，加上时间关系，无法实现每个辅导对象以现场团体成员做“替身”来摆家庭雕塑，因而用套娃以代之。第二，通过套娃的不同摆放位置关系，可以很清晰地呈现辅导对象家庭的系统结构，包括重要成员相互间的距离、方向等，能很好地表现出家庭结构中存在的亚系统、界限等结构要素。第三，这样的摆放结构是可以变动的，随着与辅导对象的不断交流，涉及不同的情境或事件时，可以通过改变套娃的位置朝向等来表示不同的结构或者结构的变化。第四，在套娃的辅助下，辅导对象将原来抽象存在于零散的家庭生活事件中的家庭结构以物化的形态呈现在面前，将其变成一个可以观察的对象，这样辅导对象更容易将自己个人的体验转化为家庭结构的信息，更容易表达。

“火车开起来”活动的目的除了训练辅导对象的反应力、注意力以及记忆力外，同时营造一种地域归属感，因为火车开往的地点是辅导对象的家乡，通过这样的方式启动辅导对象心中“家”的概念，为接下来的主要活动做好情感铺垫。在“我的家庭雕塑中”，通过套娃摆雕塑的形式使辅导对象澄清自己与各家庭成员之间的关系，觉察自己、反观自己，挖掘家庭资源，让其成为自己生活的动力。在结束活动中，通过仪式感的词朗诵，培养辅导对象的乐观主义精神及积极的老化态度。

二、活动目标

（1）训练辅导对象的反应力、注意力以及记忆力，激发其对家乡的归属感。

（2）通过套娃摆雕塑的形式使辅导对象澄清自己与各家庭成员之间的关系，觉察自己、反观自己，挖掘家庭资源，让其成为自己生活的动力。

三、活动道具

水彩笔7盒，彩色纱布1块/人，大套娃（10层）1套/人，小套娃（5层）1套/人，8 cm×10 cm小纸条10张/人。

四、活动设计

活动名称	活动目的	活动时间	备注
精彩回顾	唤起团员对上一次活动内容的回忆，使其有所触动，带着感悟投入到本次团体辅导中。	10分钟	
火车开起来	训练辅导对象的反应力、注意力以及记忆力，同时营造一种地域归属感，为衔接下面的主要活动做好情感铺垫。	20分钟	
我的家庭雕塑	通过套娃摆雕塑的形式使辅导对象澄清自己与各家庭成员之间的关系，觉察自己、反观自己，挖掘家庭资源，让其成为自己生活的动力。	60分钟	将水彩笔、彩色纱布、大套娃、小套娃、小纸条等派给每个人。
朗诵《少年不识愁滋味》	通过仪式感的词朗诵，培养乐观主义精神及积极的老化态度。	5分钟	

五、活动方案

（一）热身活动：火车开起来

活动目的：训练辅导对象的反应力、注意力以及记忆力，同时营造一种地域归属感，为衔接下面的主要活动做好情感铺垫。

活动规则（该游戏活动分小组进行）：

（1）首先进行分组，每组组员人数以8～9人为宜。组员围成一个大圈站好，每位组员说出一个自己生长地的地名（如茂名）代表一个火车站名（如果同一小组内有几位组员生长地来自同一个地方，可以在地名前加上一个定语来加以区分，如肇庆东、肇庆南）。

（2）游戏开始时，首先由第一位发言人说："××的火车就要开"（注：××即自己代表的火车站名，即为在上面（1）中自己跟大家约定好的生长地名）；话音一落，每位组员要即刻回应："往哪儿开？"此时第一位发言人要即刻说出小组内某位组员在（1）中报的车站名，如，"往怀集开"；此时在（1）中报的站名为"怀集"的辅导对象就成为了第二位发言人，他（她）要马上接起来说："怀集的火车就要开。"同样大家呼应："往哪儿开？"……以此接龙下去，直到游戏规定的时间到。

例如，第一位说："广州的火车就要开。"大家接应："往哪儿开？"第一位接应："北京开。"第二位接龙："北京的火车就要开。"大家接应："往哪儿开？"第二位接应："汕头开。"第三位接龙："汕头的火车就要开。"……如果发言人接应的车站名有错误或者速度过慢、接龙者接应的速度慢或报的站名有错误，就算违例，游戏需重新开始，由发生错误的人开始做发言人使游戏进行下去，直到游戏规定的时间到。

注意：主持人在介绍该游戏规则时最好请辅导员做示范，示范可以起到一目了然、事半功倍的作用。该游戏进行的速度需先慢后快，当辅导对象已经熟悉了游戏规则后，游戏速度就要加快。

活动后分享：

（1）这个游戏令您感觉开心吗？您在游戏中的表现如何呢？

（2）这个游戏给您带来怎样的感受？有什么想对大家说的吗？

（二）主要活动：我的家庭雕塑

活动目的：通过套娃摆雕塑的形式使辅导对象澄清自己与各家庭成员之间的关系，觉察自己、反观自己，挖掘家庭资源，让其成为自己生活的动力。

活动规则(该活动在小组内进行,每组3～4人):

(1) 每位辅导对象选取一块自己喜欢颜色的玻璃纱,每人领取大、小套娃各一套、8 cm×10 cm小纸条10张(注明每个套娃代表的身份)。

(2) 每位辅导对象选择合适的位置将玻璃纱折叠成一个1 m^2 左右大、小的正方形,平整地铺在地上代表自己的"家园",然后将大小套娃解套,首先选择一个套娃代表自己,然后选择相应大小的套娃代表自己的家庭成员,并按照他们在自己心中的位置(分量)逐一摆开,摆放过程中要注意每位成员跟自己的距离及眼神(注意成员是否跟你有眼神交流、是否能看到你),将他们与自己的关系用水彩笔逐一写在小纸条上,然后将写好的小纸条压在相对应的套娃(重要他人)下面。

(3) 完成自己的家庭雕塑后,每位辅导对象在小组内分享。在分享过程中,辅导员要注意引导,如,为什么选择这个颜色的玻璃纱来代表自己的"家园"呢? 每个套娃的大小选择理由(各重要他人在自己心目中的地位),与自己(代表自己的那个套娃)之间的距离,套娃与套娃之间(每位重要他人之间)能否相互看见,有没有眼神交流等。小组分享结束后,进行大组分享(遵循自愿分享原则)。

活动后分享:

(1) 在摆家庭雕塑的过程中与家庭雕塑完成后,您有什么不同的感受吗?

(2) 每位重要他人对您的生活有什么影响? 谁在您心中的位置最重要呢?

(3) 您想对重要他人(祖辈、父母、子女、兄弟姐妹)说些什么呢?

(4) 这个活动给您带来了怎样的影响? 您有哪些思考呢?

(三) 结束活动:朗诵《少年不识愁滋味》

活动目的:通过仪式感的词朗诵,培养乐观主义精神及积极的老化态度。

活动规则:

(1) 全员站立围成一个大圈。

(2) 首先全员朗诵一遍宋词《少年不识愁滋味》,然后每位辅导对象逐一朗诵一遍(可用普通话、粤语或者家乡话),最后全员再朗诵一遍结束本次活动。

注意:词朗诵的背景音乐为贝多芬的《欢乐颂》。

少年不识愁滋味

辛弃疾

少年不识愁滋味,爱上层楼。
爱上层楼,为赋新词强说愁。
而今识尽愁滋味,欲说还休。
欲说还休,却道天凉好个秋。

活动八教学课件

活动八精彩回顾

六、活动总结

（一）老年人在热身活动中的表现

本次团体辅导的热身活动是“火车开起来”。可能是辅导对象对自己家乡有着深厚的感情，因而他们对游戏规则的领悟速度相对较快，一下子就能进入游戏中。并且游戏一开始，他们的速度就很快，大部分辅导对象都能准确说出其他成员的家乡名，错误率比较低。其中一个组有三个人都是来自端州的，面对这种意料之外的情况，有人很快就反应过来，提议在端州后加上了方位词或者是具体到某个村落，用来区分三个成员的家乡，于是端州东、端州西、端州中等家乡名应运而生。在面对较为接近的地名时，大家也能把人和地名一一对应起来，打破了我们认为老年人记忆力和应变能力差的印象。“火车开起来”游戏深受老年人的喜爱，大家在游戏中的情绪非常高涨，虽然游戏结束时间到了，但是大家依然在开心地玩游戏，在主持人多次“阻止”下，他们才意犹未尽地停了下来。

在游戏后的分享环节，辅导对象们纷纷情不自禁地介绍、宣传、赞美自己的家乡，介绍自己家乡的美食美景、历史文化，他们都以自己的家乡为荣，脸上洋溢着满满的自豪感。这个游戏给辅导对象们带来了快乐，带来了幸福感，分享环节是在主持人的不断阻止下才结束，可见现场每一个人的乡土情怀是多么浓厚。

“火车往哪儿开？往新疆开。”

“火车往哪儿开？往端州开。”

“罗定的火车就要开。”

“德庆的火车就要开。”

“我从小生长在德庆，这里有很多美食和药材，德庆真的很棒！”

“我长在泉州，靠近海边，泉州东西塔是我们的景点之一，欢迎大家到泉州来玩。”

（二）老年人在主要活动中的表现

家庭雕塑可以使个体将自己的基本家庭情况以一种清晰明了或直观的方式展现出来，让自己了解到自己在家庭关系中处于一个怎样的地位，觉察自己的想法和情绪，进而产生改变的欲望。因此，家庭雕塑是自我生活探索或者是家庭关系探讨的一种重要方法。

本次团体辅导是辅导对象第二次接触到套娃，对于套娃他们并不陌生，因此在拿到套娃之后，他们都轻车熟路地把套娃一个一个拿出来，慢慢摆起了自己的家庭雕塑。纵观辅导对象们的家庭雕塑，我们发现他们的家庭雕塑主要以圆形、圆弧形为主，套娃的摆放位置也大都是面对面的，套娃所代表的人物，其大小比例大都是和现实情况相符，一般是代表长辈的套娃最大，代表自己或者和自己同龄的套娃次之（如果自己是家里最大的人，则代表自己的套娃是最大的），代表子女或者孙子女的套娃最小。例如，某几位成员的家庭雕塑中，均是以代表母亲的最大套娃为中心，围成一个圆弧形，表达了他们一家人是很和睦、相互支持的家庭关系；还有几位辅导对象的家庭雕塑中，最大的套娃代表自己，并以自己为起点或者是中心，围成一个圆形或者圆弧形。最大的套娃代表自己，他们的解释是：他们的年龄是家里最大的或者是家里的“领导者”“当权派”；有一位辅导对象只摆了自己和丈夫，认为丈夫才是陪伴自己走下去的重要他人；还有的辅导对象套娃摆放没有特别的顺序或造型，套娃所代表人物比例也与现实不相符合，这反映出其理解力相对较差，也反映出其内心冲突及家庭关系的不和谐。

“对我来说，亲朋好友都是我的快乐源泉，都很重要。”

“女儿出国后就很少在我身边，最大心愿就是女儿能多陪陪自己，希望女儿也能过得开心。”

“一家人最重要的是团结，跟家人在一起时很热闹，觉得很幸福。”

“他们都是我生命中重要的人。”

（三）老年人在结束活动中的表现

本次活动的结束活动是朗诵《少年不识愁滋味》，背景音乐播放的是贝多芬的《欢乐颂》，在一起朗诵的过程中，大部分人都很积极地参与到我们的活动中，整个教室都回荡着大家的朗诵声。但是在个人朗诵阶段，有几个人觉得自己的普通话不标准，不是很愿意独自一人朗诵，后来在主持人的引导以及几个比较积极成员的带领下，有人挑战自我，用自己不标准的普通话来朗诵；还有人尝试用粤语朗诵，朗诵的效果一点也不比用普通话朗诵的差，甚至还别有一番滋味；但也有的人受到上一个环节(主要活动)的影响,没有参与到这个环节中。

朗诵《少年不识愁滋味》

七、辅导后反思

关于“火车开起来”游戏,这又是一个深受辅导对象欢迎的游戏。由于辅导对象玩得热情高涨,所以整个活动时间延长了大约十分钟。虽然并未影响后面的活动进程,但也提示我们,要把握好每个环节的开展时间,避免出现时间不够用的情况,为此辅导员应密切注意每个环节的开展时间,并跟主持人做好沟通。

关于“我的家庭雕塑”,本次团体辅导,我们第二次采用了套娃,由于第一次使用套娃时我们并未向辅导对象详细阐述套娃的使用规则,只跟他们说可以将套娃看作“故人”,而本次活动涉及的内容是家庭关系,主持人一定要在摆家庭雕塑之前向辅导对象介绍清楚套娃的大小、彼此之间的距离、眼睛的朝向代表的含义等细节内容。在摆“家庭雕塑”的过程中,主持人及辅导员都要深入各个小组去陪伴及引导辅导对象,关注他们的情绪及言行。

关于划分“场域”设计,在家庭雕塑开始前,每位辅导对象需选择一块自己中意的彩色纱布铺在地上以划分出自己的“疆界”,以示每个人在自己的“场域”活动,其他人是不得侵扰的。这个充满仪式感的小设计给本次的“家庭雕塑”增添了不少色彩,并保证了“我的家庭雕塑”活动的顺利进行。而辅导对象选择的彩纱的颜色是有意义的,因此我们在分享环节增加了让辅导对象分享自己选择某个颜色的原因,再结合自己的家庭雕塑谈谈自己的感受。

关于主要活动的分享环节,在“我的家庭雕塑”活动中,每位辅导对象都是心潮起伏的,有很多内容涌现出来,表达内容都很丰富。某位辅导对象在听一位成员的分享时,直接打断了这位成员的话,并有评价、否定其分享内容的言辞表达出来。我们理解这位辅导对象是想帮助那位成员,但是团体辅导活动中对成员的尊重、接纳、不评价、不批评、不指责的原则我们是一定要遵守的。所以,主持人及时提醒了这位辅导对象。同时主持人再次强调,团体心理辅导不同于思想政治工作,成员分享时要注意“不打断、不评价”,让每个人都能自如表达自己的感受,在与团体辅导成员的互动中学习,自我觉察、自我探索、自我成长。

活动九　让我们传递爱——自我探索主题

一、活动理念

自我探索对一个人的心理健康起着非常重要的作用。因此，本次团体辅导的主题依然是自我探索主题。上一次（第八次）的“自我探索”活动，我们带领辅导对象从自己与家庭成员及自己与重要他人的关系层面进行了探索。在本次团体辅导中，我们将带领辅导对象从自我价值观、自我真正需要的角度进行自我探索。我们将依据心理剧的“魔幻商店”技术使辅导对象审视、澄清自己的人生目标和价值观。

“魔幻商店”技术是一种澄清个人目标、审视个人品质或价值观的有效方法。在本次团体辅导的主要活动“爱的抉择”中，我们将“魔幻商店”的游戏规则进行了一定的改动。我们的“魔幻商店”里出售的商品共 15 件：智慧、快乐、亲情、良好的心态、自由、健康、受人尊敬和爱戴、友情、长命百岁、财富、不老的容颜、环游世界、爱情、豪宅及学习能力。每件商品都拥有足够的数量，不限制购买人数，每位辅导对象拥有 20000 元“魔币”，要求每人至少要购买 3 件“魔幻商品”才算完成任务。本活动旨在引领辅导对象在澄清自己的愿望、目标、审视自己的价值观的同时，又考量了他们的抉择力及应对能力。

本次团体辅导以“爱”作为主线，在热身活动“爱的传递”中，我们训练辅导对象用肢体动作表达爱自己的同时，又训练他们记住别人爱自己的肢体动作，从而实现爱的传递；在主要活动“爱的抉择”中，我们要启发辅导对象通过这一活动思考自己真正的需要究竟是什么？自己的计划性、决策力如何？在结束活动“爱的祝福”中，我们要鼓励辅导对象不吝表达自己对团体成员的爱，让爱在团体内流动起来，让温暖留在每位辅导对象的心田。

二、活动目标

(1) 训练辅导对象的反应力、记忆力、创造力以及用肢体语言沟通的能力。

(2) 通过“魔幻商店”活动启发、引导辅导对象探索自己的人生观、价值观，搞清楚自己真正需要的是什么，同时考量每位辅导对象的计划性及应对策略(判断力、计谋等)。

(3) 带领辅导对象表达爱、传递爱，树立积极乐观的人生态度。

三、活动道具

拍卖槌1个，15 cm×15 cm的红色号牌卡纸 n 张(n 为辅导对象人数)，大卡纸(1 m×1 m)1张。

四、活动设计

活动名称	活动目的	活动时间	备注
精彩回顾	唤起辅导对象对上一次活动内容的回忆，使其有所触动，带着感悟投入到本次团体辅导中。	5分钟	
爱的传递	训练辅导对象的反应力、记忆力、创造力以及用肢体语言沟通的能力。	15分钟	
爱的抉择	通过“魔幻商店”拍卖活动启发、引导辅导对象探索自己的人生观、价值观，搞清楚自己真正的需要是什么，同时考量每位辅导对象的计划性及应对策略(判断力、计谋等)。	65分钟	
爱的祝福	带领辅导对象表达爱、传递爱，树立积极乐观的人生态度。	10分钟	

五、活动方案

(一) 热身活动：爱的传递

活动目的：训练辅导对象的反应力、记忆力、创造力以及用肢体语言沟通的能力。

活动规则(该活动在小组内进行)：

(1) 首先进行随机分组,每组以6～7人为宜;各小组围圈坐下,圈尽量大些,便于舒展动作。

(2) 小组内每位组员各自设计一个与众不同的表达“我爱我自己”的动作,每位组员在活动中既要创造并记住自己的动作,又要记住组内每位组员的动作(注意:每位组员的动作都是独一无二的,不能有相同的动作)。

(3) 游戏分为两个环节:第一环节,每位组员的主要任务是设计出表达“我爱我自己”的动作,展示给组员们观摩并向其他组员传递或继续做各自的动作。其步骤是:随机找一位组员A(最好是自愿的)开始游戏,他(她)要拍手,说“一、二、三”,当“三”说出的同时要摆出“我爱我自己”的动作并迅速用食指随机指向组员B,这时组员B就要马上进入表演状态,同样也要拍手说“一、二、三”,当“三”说出的同时摆出“我爱我自己”的动作并迅速用食指随机指向组员C,接着再由C传递下去,直到每位组员大致都摆了两轮动作(注意:每位组员不论被指到几次都是做“我爱我自己”的同一个动作),第一部分的活动就结束了。

第二环节的步骤与第一环节基本相同,不同的是每一位组员要拍手喊“一、二、三”摆出自己上一环节做的动作后将组内其他组员在上一环节摆的动作都要拍手逐一做一遍,直到每位组员都做完,游戏即结束。

注意:游戏开始前辅导员们需给辅导对象做演示;第一环节开始及过程中,主持人都要不断提醒辅导对象记住每位组员的动作。

活动后分享：

(1) 玩这个游戏对您有压力吗？要记住并做出其他组员的动作有困难吗？

(2) 游戏过程中您有为难情绪吗？想过要中途退却吗？

(3) 这个游戏给您带来的感受是什么？您有哪些思考？

(二) 主要活动:爱的抉择

活动目的:通过“魔幻商店”拍卖活动启发、引导辅导对象探索自己的人生观、价值观,想清楚自己真正需要的是什么,同时考量每位辅导对象的计划性及应对策略(判断力、计谋等)。

活动规则(该活动为全员活动)：

(1) 首先,给每位辅导对象分发一张15 cm×15 cm的“号牌”(从1号到n号,n为辅导对象人数),规定每位辅导对象竞拍时要举“号牌”叫价。

(2) 规定每人拥有20000元“魔币”(无实物货币),每个人的任务是需要购买不少于3件“商品”(魔幻商店内共15件“商品”:智慧、快乐、亲情、良好的心态、自由、健康、受人尊敬和爱戴、友情、长命百岁、财富、不老的容颜、环游世界、爱情、豪宅、学习能力)。

(3) 主持人从“智慧”开始逐一拍卖15件“商品”,每件“商品”起拍价为500元,每次竞拍加价不得少于100元,每件“商品”的成交价为最后叫价的最高价,主持人重复三次“最高价”,无人再加价后,主持人落锤成交。同一“商品”拥有足够的数量,可多人同时购买(按照最后的竞拍成交价,其他人可同价跟买)。

(4) 不可以向其他人借钱,也不许透支消费。

注意:该游戏要用大卡纸(1 m×1 m)事先画好辅导对象购买明细表,表内最左边纵列标出所有辅导对象的姓名(待游戏开始发“号牌”后及时将每位辅导对象的“号牌”数字填写至其姓名处),在表的最上方横行写上15件“商品”的名称,每拍完一件“商品”,辅导员要及时地把该商品的成交价及“购买者”对应填写到表格上,便于最后直观地总结及分享。

活动后分享:

(1) 在所有拍卖的“商品”中,您最想要的东西是什么?您得到了自己最想要的东西了吗?它对您有什么特别的意义吗?

(2) 这场“拍卖会”和您预想的一样吗?您预期想要买哪几样东西?

(3) 您所购买的“商品”是你最需要的“商品”吗?您是用什么策略来进行购买的?

(4) 如果再给您一次机会,您会怎样做选择?

(5) 除了今天拍卖的“商品”外,您觉得还有什么“商品”是您最需要但是又没有呈现出来的呢?

(6) 这个游戏,您有怎样的感受和体会呢?

(三) 结束活动:爱的祝福

活动目的:带领辅导对象表达爱、传递爱,树立积极乐观的人生态度。

活动规则(该活动在小组内进行):

(1) 每位辅导对象回到热身活动时自己所在的小组,围圈坐下。

(2) 活动规则与热身活动的规则基本一致:随机找一位组员A(最好是自愿的)开始游戏,他(她)要拍手说“一、二、三”,当“三”说出的同时要摆出“我爱我自己”的动作并保持住这个动作,同时说一句对自己的祝福语。例如组员A说“祝福我平安喜乐”,那么接下来,全体组员就要立即重复A的动作和祝福语,即大家拍手说“一、二、三”,当“三”说出的同时摆出A的动作,同时说“祝福A平安喜乐”。接下来进行对第二位组员的祝福,直到每位组员都被祝福到了,活动结束。

活动九教学课件

活动九精彩回顾

六、活动总结

（一）老年人在热身活动中的表现

在热身活动中，辅导对象们需要分别记住自己组内成员的动作，并在最后要把所有组员的动作都记住并摆出来，这对于老年人来说是有相当的难度的。在主持人说明了游戏规则后，大家立即以讨论的方式明确游戏规则。在试进行时，明显反映出大部分辅导对象还没有理解游戏规则，而且也记不住“表演者”的动作。但是，令我们对他们刮目相看的是，他们勇于接受挑战，积极努力地克服老年人记忆力、反应力减退的困难，迎难而上。

第一环节开始，大家设计的动作相似度很高，在辅导员的强调下（每个人的动作必须是独一无二的），那些动作相似的组员迅速更改了自己的动作，在分享环节他们表示：更改后的动作更能表达他们的情感。当大家完全理解游戏规则并且适应了组员们的传递速度后，他们的错误率明显下降，开始关注肢体上的美感以及面部的表情。个别组员甚至频频提醒其他组员不仅要把别人的动作做出来，还要把他（她）的表情也表现出来……整个活动氛围是轻松愉悦的，每个人脸上洋溢的表情是轻松快乐的。在游戏的第二环节，各小组的表现有一定的差别。有一个小组追求“完美”，不追求完成的速度，在意的是完成的准确度，所以他们比其他小组结束得要晚一些；而另一个小组，他们是追求速度，他们的活动结束得很快，但是完成的准确度也差一些。

这个游戏让我们欣喜地看到了老年人的创造力、表现力、感染力并不弱于年轻人。

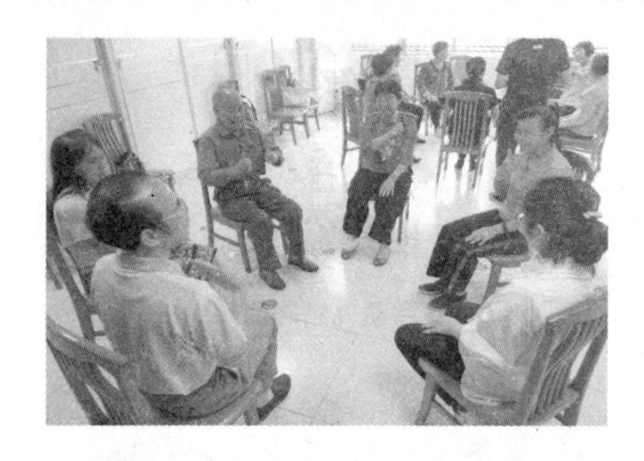

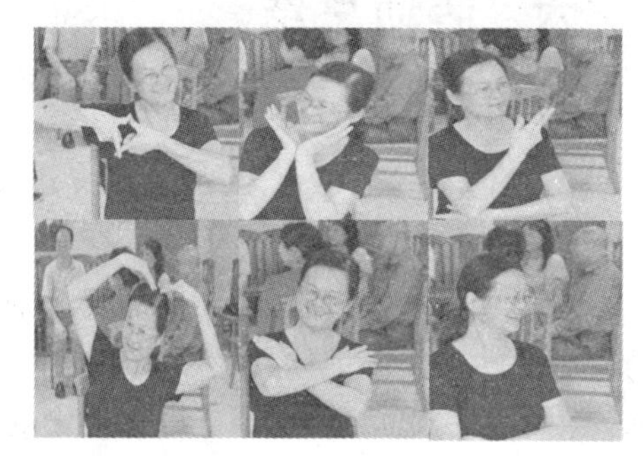

辅导对象在热身活动中设计表演动作

“真的很开心，把精力集中在游戏里，一下子忘记了自己，忘记了自己的年龄。每次玩这种游戏的时候，都觉得像回到了童年。”

“我觉得这个游戏训练了大脑。要记住那么多动作，还要把它们串联起来，真的不简单，这个游戏玩多了，以后肯定不会老年痴呆。”

“我觉得在这个游戏里，让我能够回忆起当年快乐的生活。大家一起玩的时候觉得很融洽，心情很愉快。”

“大家在做完这个游戏之后，都变得更加自信了，也忘记了自己的年龄，这就是这个游戏的好处。”

(二) 老年人在主要活动中的表现

在“爱的抉择”这个主要活动中，虽然主持人一再强调要抢拍自己最想要的“商品”并用策略来购买它，但是在开始竞拍时，大部分人似乎没有明确自己想要什么，表现得比较激进，盲目跟风竞拍，导致前面 6 件“商品”的成交价都很高，有几位辅导对象竞拍完“健康”(第 6 件“商品”)后就已经把 20000 元花完了，后面的 9 件“商品”没有竞拍资金了。“拍卖”中，有两件“商品”的成交价引起了我们的好奇：友情(5000 元)和爱情(2000 元)。通常这两件“商品”在其他团体中都会以最高价(20000 元)被拍下，但是老年人团体怎么这么“不注重”友情和爱情呢？在分享环节他们解释：友情和爱情也很重要，但是友情和爱情在几十年的时光里慢慢发展成了亲情，即他们认为亲情包括了爱情和友情。而关于“既然亲情那么重要，您怎么没有把所有的钱都用来抢拍亲情呢?”这个问题，他们的回答大致可以分成两个方面，大部分人认为亲情是无价的，20000 元是买不来亲情的，少部分人认为亲情很重要，但是除了亲情，还有别的东西也值得自己去关注，所以他们不会把所有的钱都用来竞拍亲情。老年人的解读仿佛给人一种“曾经沧海难为水”之感。

“拍卖”结束后，统计出成交价最高的几件“商品”分别是良好的心态(10500 元)、亲情(9500 元)、快乐(8500 元)、智慧(8000 元)、健康(7000 元)，成交价较低的商品有不老容颜(1000 元)、豪宅(500 元)，最多人拍得的“商品”是健康和亲情，这一点与其他团体的价值取向是一致的。亲情、健康、爱情和友情不论哪个年龄段、哪个阶层，都是人们最为珍视的。

“爱情”获得者

“亲情”获得者

“环游世界”获得者

“健康”获得者

（三）老年人在结束活动中的表现

本次结束活动是“爱的祝福”，即给自己和他人送祝福。在活动的过程中，团员们并没有因为团体辅导活动超时而出现急躁情绪，他们还是很积极地参与到我们的祝福活动中，整个教室充满了欢声笑语，这说明肢体上爱的动作与语言上爱的祝福给他们带来了更多积极的情感体验。本次团体辅导以行动上的爱自己开始，以言语上的爱自己和他人的祝福为结束，是一个很不错的充满仪式感的结束活动。除此之外，我们也希望通过本次活动，让辅导对象学会爱并传递爱，让爱充满我们的生活。

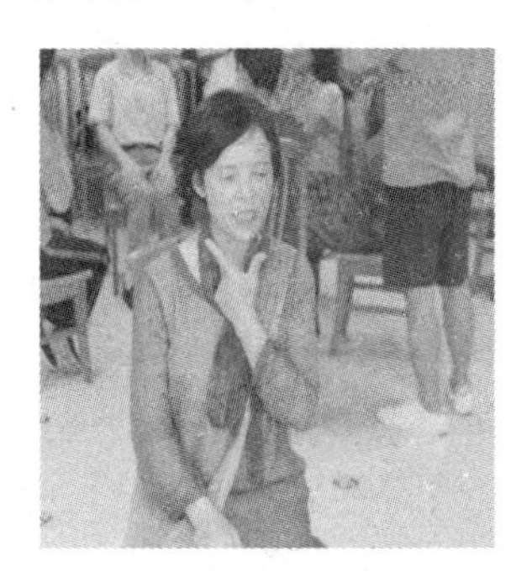

“祝我平安喜乐。”

“祝我健康快乐。”

“祝我幸福美满。”

“祝我开心每一天。”

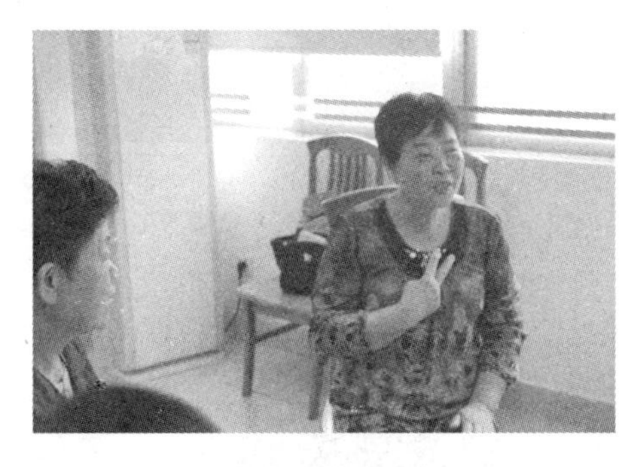

“祝我健康长寿。”

“祝我每天笑开花。”

七、辅导后反思

在本次热身活动中，我们发现个别辅导对象明显跟不上活动节奏，这就说明这些辅导对象的言语、听觉、反应力以及记忆力因年龄增长而有所下降，这也提示我们在后续的活动中，在讲解完游戏规则后，辅导员应给辅导对象做一次示范，因为具体的演示比抽象的文字讲述能让辅导对象更好地理解游戏规则。

在今后的团体辅导活动中，我们设计好团体辅导方案，可以多演练几遍，提前帮助我们发现需要改进的地方。

在“魔幻商店”拍卖活动中发现一种现象：有些辅导对象的竞拍策略是“用最少的钱拍得最多的商品”，而不是购买自己想要的商品，着实是在用经商的理念指导自己的行动。这可能与当地的亚文化有关，也可能与他们年龄增长有关。在当地，有不少成长环境比较困难的老人，学识不高，小小年纪就要出来打工补贴家用，因此有不少老人会认同“经济利益挂帅”。我们发现他们即使在团体辅导当中也仍然想着怎么让自己利益最大化而不是如何获得自己想的。

这也给了我们一些启示，在以后的团体辅导活动开始前，我们可以先对招募对象团体做一个简单的调查，了解当地习俗和人文，以便在设计方案时可以结合辅导对象的情况，组织更契合他们的活动。

活动十　让季节驻心田——生命教育主题

一、活动理念

在第五至七次团体辅导中，我们进行过生命教育内容的探索，侧重在“生死观”方面开展活动。本次团体辅导，我们又回到生命教育主题，从人与社会、人与自然环境、个人的宇宙观的角度出发，运用心理剧的设景技术及怀旧疗法开展活动。

我们在第三次团体辅导“照片中的故事”活动中就已经运用过心理剧的设景技术，可以说辅导对象已经有了一些设景经验了。本次团体辅导的设景是让辅导对象摆出四季来，结合怀旧疗法，通过四季桌的摆放启发辅导对象将自己与自然环境及过往与大自然亲密接触的美好回忆连接起来，加深与季节之间的联系，同时通过“四季”的具象化呈现，小组成员一起回顾、分享过往的故事使辅导对象能够获得积极的生命价值观和生命体验。老年人的生命教育，就是要让老年人感受到丰满、多元的生命维度，积极培育其健康的自然生命，拓展丰富的社会生命，丰盈多彩的精神生命，开发出生命的无限潜能，提升多维的生命质量。

老年人生活经验丰富，常回忆往事，可以探索和找出自己一生的意义。怀旧疗法能够通过回顾过去事件、情感及想法的方式，帮助人们增加幸福感、提高生活质量及对现有环境的适应能力。设景技术与怀旧疗法的结合，可以让辅导对象在安全的氛围中，回顾过去发生的事情以及当时的感受，从而影响辅导对象在认知、情绪、自尊等方面的体验，提升主观幸福感。

本次的热身活动为“青蛙跳下水”，它可以活跃辅导对象的身体、训练其反应力，同时还能训练协调力，激发辅导对象的生命活力。最后的结束活动“合唱《四季歌》”不仅能够与主要活动“四季桌”紧密联系起来，启发辅导对象对四季的热爱，而且能够通过合唱的仪式感，紧扣主题的同时更好地结束本次活动。

二、活动目标

（1）全面训练辅导对象的反应力、注意力、记忆力、计算力等，使其保持头脑灵活，延缓老化。

（2）通过摆四季桌，激发辅导对象对生命、大自然的热爱，培养其积极的生命态度。

三、活动道具

桌子 4 张，各色彩布、花布、玻璃纱 20 余块（150 cm×300 cm），各色抱枕 10 余个，辅导对象自带的道具若干（怀旧玩具、手工艺品、旅游纪念品、心爱旧物等）。

四、活动设计

活动名称	活动目的	活动时间	备注
精彩回顾	唤起辅导对象对上一次活动内容的回忆，使其有所触动，带着感悟投入到本次团体辅导中。	5 分钟	
青蛙跳下水	全面训练辅导对象的反应力、注意力、记忆力、计算力等，使其保持头脑灵活，延缓老化。	25 分钟	
四季桌	通过摆四季桌，激发辅导对象对生命、大自然的热爱，培养其积极的生命态度。	65 分钟	让辅导对象按照喜欢的季节组成小组，小组共同摆放四季桌。
合唱《四季歌》	通过仪式感的合唱，激发辅导对象对四季的热爱，紧扣主题地结束本次活动。	5 分钟	给每位辅导对象分发歌词。

五、活动方案

（一）热身活动：青蛙跳下水

活动目的：训练辅导对象的反应力、注意力、记忆力、计算力等，使其保持头脑灵活，延缓老化。

活动规则（该游戏为全员活动）：

(1) 全体辅导对象站立围成一个大圈，主持人介绍游戏中所用到的基本语句："一只青蛙一张嘴、两只眼睛、四条腿、扑通一声跳下水。两只青蛙两张嘴、四只眼睛、八条腿、扑通两声跳下水"。以此类推、变换数字向上叠加。

(2) 随机找一位辅导对象A（最好是自愿的）开始游戏，A在说"一只青蛙一张嘴"的同时要用一只手的手指比出"1"并指向嘴的位置，用另一只手的食指随机指向B，此时B要立即接应说"两只眼睛"的同时用一只手的手指比出"2"并指向眼睛的位置，用另一只手的食指随机指向C，C要立即接应说"四条腿"的同时用一只手的手指比出"4"并指向腿的位置，用另一只手的食指随机指向D，D在说"扑通一声跳下水"的同时要用一只手的手指比出"1"并做出跳水的动作，用另一只手的食指随机指向E，E开始接应"两只青蛙……"以此类推，直到游戏时间结束。

(3) 游戏实行淘汰制，做错动作、计算错误者要被淘汰，直到剩下最后一人。该游戏可进行多轮。

注意：完成该游戏有相当的难度，主持人要讲清楚游戏规则并要请辅导员做好示范，同时要营造快乐气氛，娱乐为主，正确率为辅，充分注意辅导对象的身心反应。

活动后分享：

(1) 您在游戏中的表现如何？错误率高吗？

(2) 您喜欢这个游戏吗？它给您带来压力了吗？

(3) 这个游戏给您带来的感受是什么？有什么要对大家说的吗？

（二）主要活动：四季桌

活动目的：通过摆四季桌激发辅导对象对生命、大自然的热爱，培养其积极的生命态度。

活动规则（该活动在小组内完成后进行全员分享）：

(1) 将道具（彩布、抱枕等）放在活动室中央，四张桌子分别摆放在活动室的四个角落，分别代表春、夏、秋、冬四季角。

(2) 进行分组：请辅导对象选择一个自己最喜欢的季节各自进入四季角，形成春、夏、秋、冬四组。

(3) 各组摆出自己的季节桌：运用公共道具(彩布、抱枕等)及自带道具(怀旧玩具、手工艺品、旅游纪念品、心爱旧物等)摆出具有季节特色的作品来。

(4) 各组介绍自己的季节桌。

注意：在摆四季桌之前，主持人要用 PPT 介绍四季桌的摆设方法及实例图片，整个摆设过程中要播放背景音乐 *Summer*。

活动后分享：

(1) 您喜欢的季节是哪个？您为什么喜欢这一季节呢？有什么故事吗？

(2) 听了小组组员的“季节故事”，您有什么感受呢？

(3) “四季桌”活动给您带来什么思考呢？

(三) 结束活动：合唱《四季歌》

活动目的：通过仪式感的合唱，激发辅导对象对四季的热爱，紧扣主题地结束本次活动。

活动规则：全员站在活动室中间(尽量站出表演的队形)，每位辅导对象带着表情纵情地演唱。

活动十教学课件

活动十精彩回顾

六、活动总结

(一) 老年人在热身活动中的表现

“青蛙跳下水”是一项锻炼反应力和身体协调能力的活动，这些能力的锻炼对于老年人的生活很有帮助。活动本身的语言类似童谣，比较有趣味性。

本次活动是第十次团体辅导活动，辅导对象对于精彩回顾后的热身活动的期待一次比一次高涨，我们在演示环节中询问是否有人愿意上来一起演示，结果居然全体都积极地参与了进来。

这个游戏既能训练大脑(反应力、计算力),又能训练协调性(左右手要同时开工),别说是六十岁以上的老年人了,即使是年轻人也是有相当的难度的,但是他们还是经受住了考验。整个游戏过程中尽管错误率很高,但是辅导对象们心态平稳,开动脑筋把握动作要领及规则,而且还敢于挑战难度,居然喊出了“十只青蛙”的口令,“不服老、不认老”的态度在我们的辅导对象身上得到了充分的体现。

我们可以明显地看出,辅导对象对于热身活动的适应能力、反应力和理解能力与刚开始进行团体辅导时相比有了很大的提高,且投入活动的参与度也有了明显的提高。每次热身活动后的分享环节,他们都会表示很好玩,充满童趣,这也是我们设计热身活动的策略(对老年人进行充满童真、童趣的游戏训练,激发他们保持童真,愉悦身心)。

辅导对象表演“三只青蛙,三张嘴”

辅导对象表演“两只青蛙四条腿”

辅导对象表演
“两只青蛙”

辅导对象表演
“扑通扑通跳下水”

辅导对象发表获胜感言

(二) 老年人在主要活动中的表现

“四季桌”这一活动的灵感来源于华德福教育日常环境的布置和疗愈中心的季节桌(季节角),其操作步骤是运用心理剧的设景技术,通过摆四季桌能提醒大家时间性、季节性,让他们与自然有更多连接,这对于他们注意到季节变化和注意饮食的调理都有帮助。同时,这一活动有开发辅导对象们的想象力和创造力的效果。

活动开始前，主持人先给辅导对象讲解了四季桌的含义，展示了一些四季桌的图片，然后开始分组。刚开始的时候有些辅导对象比较拘谨，只是看着别人动手摆放，之后在组员们的鼓励下，也开始摆放一些对于自己来说有特殊意义的东西。

活动中高潮不断迭起，春天组的一位组员穿上了去印度旅游时买回来的裙装，另一位组员戴上了心爱的少女帽，还有一位捧起了珍藏了四十多年的书籍——《外国名歌》，他们摆出与雕塑一样的造型获得了大家一片掌声。夏天组的成员载歌载舞地表演《外婆的澎湖湾》，还有一位成员拿着她的“神器”，分享了旅游途中用它救人一命的故事。秋天组的道具非常丰富(旅游明信片、小盆栽、国际象棋、小足球、多样水果)，他们赋意为秋天是运动的季节，取得成绩的丰收季节。冬天组以白色、浅蓝色作为背景色寓意冬天的银装素裹，他们的怀旧道具也颇吸引大家的眼球——陪伴了自己几十年的心爱丝巾、天涯海角旅游纪念品“好运石”、旅游照片，还有一位成员摆上了他几十年前的工作证件，讲述了他作为筑路工人为祖国的公路建设事业“舍小家、为大家”“十年夫妻三年聚”的感人事迹……

摆四季桌只是一种形式，通过四季桌的摆放唤起大家的美好回忆，分享自己刻骨铭心的经历和故事，感受集体的温暖和力量，热爱生命，保持积极乐观的生活态度，这些才是“四季桌”的魅力所在。

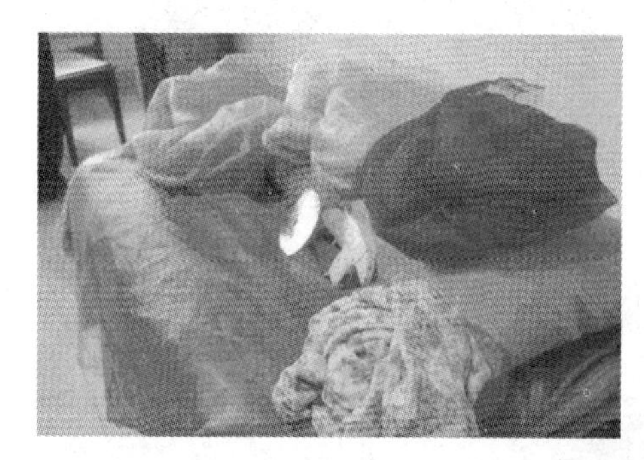

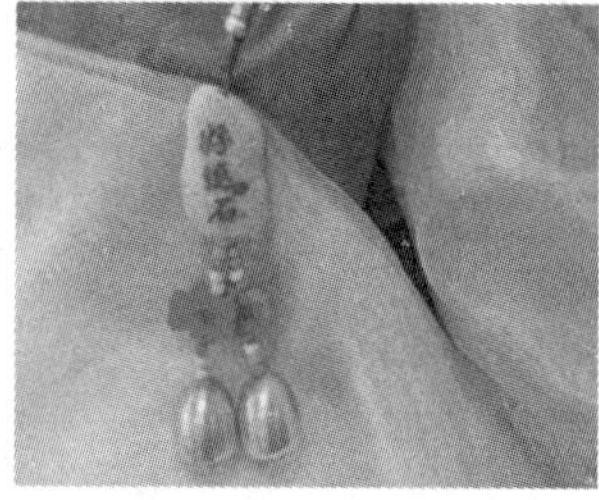

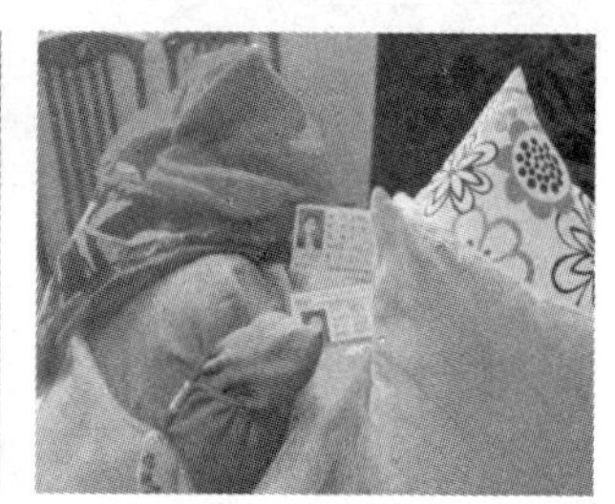

辅导对象展示“四季桌”

（三）老年人在结束活动中的表现

合唱《四季歌》作为结束活动，一方面对应主题，另一方面对于辅导对象来说，这首歌的旋律是他们耳熟能详的，能够唤起他们对青春的回忆，所以大家一听到伴奏就立即很投入地哼唱起来，越唱声音越大，充满仪式感地结束了本次活动。

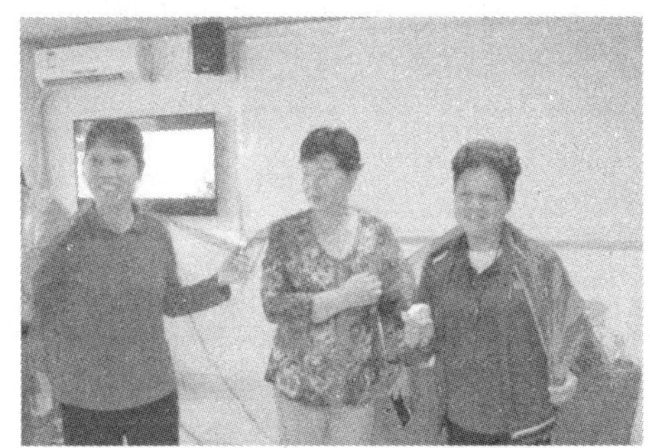

辅导对象合唱《四季歌》

七、辅导后反思

本次团体辅导的热身活动为“青蛙跳下水”，这个环节主持人要考虑到不同辅导对象的身体状况和反应速度等方面的差异，以活跃气氛为主，正确率为辅，让辅导对象都能投入到我们的活动当中。因此，可以在前期大家都不熟悉活动的时候，允许辅导对象犯错，让那些在本环节反应吃力的辅导对象能够多进行几轮游戏。

本次团体辅导的主要活动“四季桌”的设计是非常富有新意的，是表达性艺术的充分展现。主持人要引导所有辅导对象都能够积极地参与其中。有一些辅导对象可能由于没有准备好道具等原因，不太敢表达，主持人要更多地关注到这些辅导对象，启发、引导、鼓励他们自然地表达分享；而一些辅导对象则可能会有很多想要表达的内容，表现得相当活跃，主持人又要注意把控好时间。可以先让辅导员进入到小组当中进行引导，激发一部分辅导对象的表达欲望，同时也稍满足另外一些辅导对象的表达需求。

本次团体辅导完成得比较圆满，无论是热身活动环节，还是主要活动环节，都出现了几次令我们意想不到的高潮，这是团体动力的体现。我们的团体辅导活动已经进入了中期阶段，今后要加强对辅导对象的自我反省与领悟力的引导，促使他们彼此学习与模仿，促进自我的改变，激发个人的成长。

活动十一　让心灵去畅游(上)
——生命意义主题

一、活动理念

本次活动的主题是生命意义主题，这一主题在活动四中探讨过。活动四对生命意义的探讨是通过蜂蜜蜡手工制作与大自然相连接，让辅导对象感受到生命的力量，对生命意义进行思考，本次活动我们将通过神话心理剧(mythodrama)的形式带领辅导对象去寻找生命意义，从对苦难认知、主动追寻和被动接纳三个角度引领辅导对象去探索生命意义。

神话心理剧是由瑞士荣格心理分析师艾伦·古根宝于1999年创立的一种团体治疗的程序和冲突解决的方法，结合了莫雷诺的心理剧和荣格的分析心理学，将分析心理学的理论融入到戏剧里，用心理剧的形式呈现出来，其神话部分是通过塔罗牌来体现的。塔罗牌源于西方，它描述了对于人类发展的重要原型。这里的原型是指在头脑里形成的"型"，相当于人类重要的直觉和经验，而塔罗牌就是这些原型形象的集合。所以原型也就是一个象征和模型，相当于人类重要的人格类型、情况和事件。因为原型会受到文化因素的影响，西方塔罗牌的原型源于希腊神话，这对于我们中国人来讲，可能大多数人都是陌生的，所以我们选择了中华神话塔罗牌，它的每一张牌都对应到中国人自己熟悉的神话原型，这些形象大多已深入到中国人的内心，即使自己并不清楚牌面上的神话原型故事，但每个人抽到的牌，都会或多或少地反映着自己的心态和人生处境。本次活动我们将让辅导对象体验介绍神话心理剧的故事人物、讲故事、想象和演出四个步骤。

我们将首先带领辅导对象进行热身活动，通过"你的心情我来猜"活动激发他们的表演欲望，接下来就顺理成章地进入到神话心理剧的创作、演出阶段，我们相信，我们的辅导对象的人生经验和丰富阅历能够创作出符合他们那个成长年代的作品，能够解读出经历岁月磨难后的生命意义。最后通过情景演唱《大海啊，故乡》让辅导对象带着表演的状态及其对往昔岁月的美好回忆结束本次活动。

二、活动目标

（1）训练辅导对象用肢体语言表达情绪的能力，提高其自我觉察、自我探索的意识。

（2）通过故事分享、心理剧出演、观看与讨论等形式培养辅导对象的想象力、创造力及其对生命意义的深层次分析。

三、活动道具

中华神话塔罗牌1套，各色彩布、花布、玻璃纱（150 cm×300 cm）30余块，各色抱枕20余个，海蓝色帆布（150 cm×500 cm）2块，装饰长棍（100 cm左右）若干根，A4纸20张。

四、活动设计

活动名称	活动目的	活动时间	备注
精彩回顾	唤起辅导对象对上一次活动内容的回忆，使其有所触动，带着感悟投入到本次团体辅导中。	5分钟	
你的心情我来猜	训练辅导对象用肢体语言表达情绪的能力，提高其自我觉察、自我探索的意识。	15分钟	
神话心理剧（上）	通过故事分享、心理剧出演、观看与讨论等形式培养辅导对象的想象力、创造力及其对生命意义的深层次分析。	60分钟	
演唱《大海啊，故乡》	通过情景演唱使辅导对象缅怀往昔活力四射的岁月，保持积极、乐观的良好心态。	5分钟	

五、活动方案

(一) 热身活动:你的心情我来猜

活动目的:训练辅导对象用肢体语言表达情绪的能力,提高其自我觉察、自我探索的意识。

活动规则(该活动在小组内进行):

(1) 分组:全体辅导对象每3人为一组,不足3人的,可加入1名辅导员搭配成一组。

(2) 写出一周以来的情绪词:请每位辅导对象回忆一下自己近一周的心情,然后用三个或三个以上的情绪词描述,并写在A4纸上。

(3) 表演者(每位辅导对象)在表演前首先将自己写好的情绪词交给本组组内的辅导员(辅导员为裁判员);接下来,表演者用肢体语言来表演自己的情绪(如手部动作、身体姿势、面部表情等,不允许讲话),另外两位组员来猜表演者的情绪词各是什么。猜对了,裁判员会宣布表演成功;猜错了,即为表演失败。每位组员都要表演。

注意:主持人要鼓励大家开发想象力,引导大家尽量想出不同的情绪词,避免重复;同时引导大家尽量将动作做得舒展、做得娱乐、做得有创意。

活动后分享:

(1) 您近一周的情绪如何?整个活动过程中您的情绪如何?

(2) 活动后您的感受是什么?有什么想要对大家说的吗?

(二) 主要活动:神话心理剧(上)

活动目的:通过故事分享、心理剧出演、观看与讨论等形式培养辅导对象的想象力、创造力及其对生命意义的深层次分析。

活动规则(该活动采取小组交流与全体活动相结合的形式进行):

(1) 分组:全体辅导对象分为A、B两个小组,各自找到相应位置围圈坐好。

(2) 抽取中华神话塔罗牌:主持人将一套中华神话塔罗牌(共78张)反面向上平铺在桌面上,每位辅导对象随机抽取其中三张牌,回到自己在小组的座位上,静心观看自己抽到的三张牌面2分钟。

(3) 想象放松体验:在背景音乐(纯音乐《神秘的海洋》)的烘托下,主持人带领大家做想象放松体验(大约5分钟)。

(4) 小组内分享塔罗牌故事:每位辅导对象在小组里向自己的搭档讲述故事。每人要把三张牌面上的内容(每张牌面内容均是中国古代的神话传说、名人故事等)串成一个有着相互联系的故事与组员分享(每位组员都要讲述自己的塔罗牌故事),故事讲述结束后,每组选出一位代表,大家一起配合将他(她)的塔罗牌故事演出来。

(5) 演出神话心理剧:受时间限制,演出活动分两次进行,本次先演出A组代表创作的神话心理剧。

A组代表作为"编剧+导演",首先向全体成员展示他(她)抽到的三张塔罗牌的牌面,让大家对牌面人物的身份、装束、装备及场景等有初步的了解,然后在全体辅导对象中挑选演员(主角、配角);接下来导演向演员说戏,演员了解了剧情以后根据自己的理解挑选道具对自己进行装扮;然后演出心理剧;最后所有演员向大家谢幕、去角色。

活动后分享:

(1) 演员分享演出心得:演出过程中您有什么感受和发现? 演出结束后您有什么感受及思考? 您对生命意义有没有新的认识呢?

(2) 观众分享观看心得:心理剧出演过程中您有什么感受和发现? 心理剧结束后您有什么感想? 您对生命意义有没有新的认识呢?

(三) 结束活动:演唱《大海啊,故乡》

活动目的:通过情景演唱使辅导对象缅怀往昔活力四射的岁月,保持积极、乐观的良好心态。

活动规则:

(1) 布景:将2块海蓝色帆布(150 cm×500 cm)并列铺在地板上,营造大海的环境;

(2) 全体成员围坐在"海面上",演唱歌曲《大海啊,故乡》(李健演唱版)。

活动十一教学课件

六、活动总结

(一) 老年人在热身活动中的表现

本次团体辅导的热身活动叫“你的心情我来猜”,设计这个活动的目的是引导辅导对象去关注自己的情绪、觉察自己的情绪以及用不同的方式表达自己的情绪。我们采用肢体语言来表达情绪,在拓宽辅导对象沟通表达渠道的同时,也为后面的主要活动(心理剧演出)做铺垫。在此环节中,辅导对象的表现是积极活跃的,他们使用不同的身体姿势、手部动作、面部表情等来表达自己的情绪。每个小组里,成员之间都有较多的互动,氛围比较活跃,通过这样的方式让他们更多地关注自己的生活和内心,有更多表达自己的机会,以及促进他们去思考如何用无声的语言表达内心的想法,在一定程度上也能训练他们的想象力以及对自我的探索。

这个活动我们发现一个有趣的现象,那就是老年人的刻板和较真。例如,有位辅导对象在做动作时,组员猜的答案是“开心”,他说不对,是“高兴”,组员说“开心”和“高兴”有什么大区别吗?他说有区别,高兴是一种心情,而开心是一种状态……真是一位可爱的老人!在我们之前的多次活动中,也是有这样的情况发生的,老人们经过岁月的积淀,尤其是文化程度高的老人(本科以上学历),他们看问题、解决问题是一定要有标准答案的,反映到行为上就是好“斤斤计较”,这种“斤斤计较”精神用于工作和研究上是美德,但是用在日常生活中,恐怕就令人不那么愉快了。我们要通过心理辅导,让老人们多与年轻人交往,让他们的头脑变得灵活,人也变得柔软起来。

辅导对象表演:我很棒

辅导对象表演:心情愉悦

辅导对象表演：不开心

辅导对象表演：快乐

辅导对象表演：思考

辅导对象表演：无忧无虑

（二）老年人在主要活动中的表现

之所以将神话心理剧活动安排在第十一次，我们是考虑到辅导对象的接受能力。经过前十次的辅导，他们对活动流程的熟悉，受活动内容的启发和影响，我们认为他们已经具备了完成本次主题活动的能力，所以安排本次活动是对前十次团体辅导效果的一个检验，同时启发辅导对象通过神话心理剧更深层次地去思考生命意义。事实充分证明我们的安排是合理的。当辅导对象每人抽到 3 张塔罗牌时，为了更充分地开发他们的想象力和创造力，我们先进行了一个想象放松体验，接着请每位辅导对象逐一地分享自己创作的故事，他们每个人都能很迅速、很完整、很流畅地讲出自己的故事。虽然每个人抽到的牌不同，讲述的故事内容各不相同，但是我们可以发现他们有着共同的情结，那就是英雄主义情结和世外桃源情结。这可以从 A 组选出的故事、出演的心理剧中反映出来。A 组心理剧的大致剧情是：春秋战国时期，一位身体健硕的武士每天拿着狼牙棒苦练武功，他励志要成为英雄，保家卫国。一妙龄女子也巾帼不让须眉，每天苦练武功，渴望建功立业。在战场上，他们相识相知，结成了伴侣，他们英勇杀敌，屡立战功。到老了，他们解甲归田，隐居在世外桃源，过着平静、幸福的晚年生活。

英雄主义情结的形成与辅导对象成长的年代、历史背景是分不开的。我们的辅导对象大多数出生于20世纪50年代，个别几位出生于40年代，彼时，解放战争刚刚结束，新中国成立伊始，百废待兴，人民的生产热情高涨，加之抗美援朝、保家卫国的思想教育，一代人的集体潜意识——英雄主义情结就此产生。

在一个安逸的、幽静的、美好的、与世无争的环境中生活是相当一部分人的向往，尤其是已过花甲的老年人，他们经历了一个甲子的风风雨雨，早已看淡了人世间的功名利禄，更认同“平平淡淡才是真”的道理，世外桃源情结的产生也就自然而然了。

辅导对象展示塔罗牌

我们的团体不是神话心理剧治疗团体，因此，没有完全按照神话心理剧的七个步骤去做，我们注重的是讲故事和演出，不做转化和具体的改变工作，也不对辅导对象讲的故事内容进行心理分析。我们更多的是借由神话心理剧的形式，激发辅导对象的潜能，使他们通过参与编剧与演出的体验去发现、觉察、悦纳自己和他人。在分享环节，辅导对象们都纷纷表达了对组员表现的欣赏和赞美，也纷纷表达了自己完成创作后的喜悦和自豪。他们感恩自己成长在如火如荼的年代，给自己带来快乐的工作和简单的生活，也庆幸自己赶上了如今这个精神及物质生活都极大丰富的互联网时代，他们对生命意义的理解注入了责任、奉献、坚韧、乐观、脚踏实地、追求希望……本次活动，他们接受了创作及表演的挑战，也享受了被“粉丝”欣赏的快乐，其活动效果将影响深远。

辅导对象表演塔罗牌中的故事

（三）老年人在结束活动中的表现

刚刚进行完神话心理剧的演出，大家还处在意犹未尽的兴奋状态，因此，我们选择《大海啊，故乡》情景演唱，一方面可以延续他们表演的状态，另一方面唱起《大海啊，故乡》这首在80年代令人耳熟能详的歌曲会让他们自然而然地回忆起彼时年富力强的情形，他们的动作也会自然而然地变得轻盈、灵活起来。这是我们对老年人心理辅导一贯用到的“怀旧疗法”。

结束活动图

正如我们所愿,大家在我们的“人造海洋”中一会儿相互手挽着手歌唱,一会儿又每个人做出个性化的动作边舞边唱,这些动作有鼓掌的、有将手指比成“V”字放在头上扮小兔子的、有“比心”的……在一片欢乐的气氛中结束了本次活动。

七、辅导后反思

本次活动的亮点有很多,经过了前十次的辅导,我们的辅导对象表现出了大无畏的、敢于接受一切挑战的精神,每位辅导对象在整个活动中的表现都可圈可点,A组的心理剧演出在动作上还是很有张力的。

因为我们这个团体不是心理剧团体,特别是神话心理剧辅导团体,虽然之前的十次活动有设景技术(第十次活动“四季桌”)、雕塑技术(第三次活动“照片中的故事”)的体验,每次活动的结束环节也多有表演体验,但是这些体验铺垫得不够,在主要活动环节显得有些忙乱,如每位辅导对象抽完塔罗牌后马上就要讲出故事来,时间方面太紧张。虽然主持人做了想象放松引导,但是辅导对象对塔罗牌的内容(人物特征、环境特征等)的理解分析不够充分,马上就由A组推举出来一位导演带领组员现编现演,整个剧情的饱满感还是欠缺的。下一次活动还要延续神话心理剧演出,将由B组出演,已经选好了导演,有一周的准备时间,相信下一次的剧情会更加丰富。

活动十二　让心灵去畅游(下)
——生命意义主题

一、活动理念

本次团体辅导是活动十一的延续，活动理念相同，在此不再赘述。

二、活动目标

(1) 开发辅导对象的右脑，训练其用肢体语言表达及沟通的能力，学会小组合作，在团体中反观自己，了解、学习他人，增强团队合作力和凝聚力。

(2) 通过故事分享、心理剧出演、观看与讨论等形式培养辅导对象的想象力、创造力以及对生命意义进行深层次地分析。

三、活动道具

各色彩布、花布、玻璃纱(150 cm×300 cm)30余块，各色抱枕20余个，海蓝色帆布(150 cm×500 cm)2块，装饰长棍(100 cm左右)若干根，A4纸20张。

四、活动设计

活动名称	活动目的	活动时间	备注
小组职业操	开发辅导对象的右脑,训练其用肢体语言表达及沟通的能力,学会小组合作,在团体中反观自己,了解、学习他人,增强团队合作力和凝聚力。	25 分钟	
神话心理剧(下)	通过故事分享、心理剧出演、观看与讨论等形式培养辅导对象的想象力、创造力以及对生命意义进行深层次地分析。	60 分钟	
歌舞表演——《大海啊,故乡》	通过歌舞表演使辅导对象缅怀往昔活力四射的岁月,保持积极、乐观的良好心态。	5 分钟	

五、活动方案

(一) 热身活动:小组职业操

活动目的:开发辅导对象的右脑,训练其用肢体语言表达及沟通的能力,学会小组合作,在团体中反观自己,了解、学习他人,增强团队合作力和凝聚力。

活动规则(该活动为全体活动,分小组完成):

(1) 分组:每 3 人为一组。

(2) 排队:3 人小组站一横排,以第 1 小组为排头,2、3、4……拉开间距排在后面形成 3 纵列,靠着活动室一边鱼贯而行。

(3) 角色扮演:第一,由主持人发布口令说出一个场景,各小组(3 人小组)就要靠着直觉迅速做出反应,表演出某一职业或某一角色的动作出来。第二,将动作定格成“冰冻”状(此时鱼贯而行的队伍要停下脚步),如当主持人说“在公交车上”时,3 人小组在听到指令后,就要根据自己的理解,迅速做出在公交车上可能出现的职业角色、人物角色等(如扮演司机、售票员、乘客、老年人、孕妇、抱小孩的妈妈,为了搞笑也可以扮演小偷等),一般 3 人小组中每个人做出的职业角色动作是不同的。第三,一个场景表演完后,进行“解冻”,队伍继续鱼贯而行,由各小组派代表轮流做主持人发布某一场景指令，程序与“第二”相同，直到活动时间到。一般会表演7～8个场景。

注意：正式表演开始前，主持人要带领辅导员进行示范表演，一般要表演2个场景，便于辅导对象理解，每个场景表演结束时，主持人都要强调“冰冻”定格，请辅导对象互相观摩各小组的“造型”，并请小组代表分享他们的“作品”。

活动后分享：

(1) 在职业操表演中，您在小组里承担了什么样的角色(领导者、军师、跟随者)？

(2) 在职业操表演中，您的情绪如何？心态如何？

(3) 您的小组在活动中是怎样合作的？您有什么感想呢？

(4) 您在活动中的表现与您平时的待人处事模式一样吗？

(二) 主要活动：神话心理剧(下)

活动目的：通过故事分享、心理剧出演、观看与讨论等形式培养辅导对象的想象力、创造力及其对生命意义的深层次分析。

活动规则(该活动采取小组交流与全体活动相结合的形式进行)：

(1) 想象放松体验：在背景音乐(纯音乐《神秘的海洋》)的烘托下，主持人带领大家做想象放松体验(大约5分钟)。

(2) 演出神话心理剧：上次活动A组已经完成了神话心理剧的演出，本次活动由B组演出神话心理剧，规则与上次活动相同。

活动后分享：

(1) 演员分享演出心得：演出过程中您有什么感受和发现？演出结束后您有什么感受及思考？您对生命意义有没有新的认识呢？

(2) 观众分享观看心得：心理剧演出过程中您有什么感受和发现？心理剧结束后您有什么感想？您对生命意义有没有新的认识呢？

(三) 结束活动：歌舞表演——《大海啊，故乡》

活动目的：通过歌舞表演使辅导对象缅怀往昔活力四射的岁月，保持积极、乐观的良好心态。

活动规则：

(1) 布景：将2块海蓝色帆布(150 cm×500 cm)并列铺在地板上，营造大海的环境。

(2) 每人挑选一块自己喜欢的颜色的彩布，站在“海面”上，舞动演唱歌曲《大海啊，故乡》(李健演唱版)。

活动十二教学课件

活动十一、活动十二精彩回顾

六、活动总结

(一) 老年人在热身活动中的表现

本次的热身活动是“小组职业操”,这是神话心理剧演出前的热身环节。令我们没有想到的是,“小组职业操”深受老年人的欢迎!他们的想象力之丰富、表演创作欲望之高涨、各小组配合之默契,着实出乎我们的意料!他们设置的场景有在医院里、在法院里、在学校里、在马路上、在健身房里、在殡仪馆里、在银行里、在超市里……每个小组表演的画面都非常吸引眼球,同一个场景,各小组呈现出的人物角色也有所不同。如在马路上,有的小组呈现的是老人摔倒,小朋友去搀扶老人的助人做好事的场景,有的小组呈现的是维护公共场所的卫生,把路面上的垃圾捡起来的场景;在法院里,有的小组呈现的角色身份是法官、嫌疑人、律师,有的小组呈现的是律师、证人、书记员,有的小组呈现的则是律师、被告和法官;在学校里,有的小组呈现的是教室里的场景(拖地板的、看书学习的、擦黑板的),有的小组则呈现的是操场上的场景(做广播操的、跳绳的、猜拳的,还有升旗仪式的);令我们最刮目相看的就是在殡仪馆里,当主持人口令一下,立即就有两个小组出现了躺在地上、椅子上的“尸体”及另外一个小组两位站立着的“死者”,有“入殓师”为“死者”化妆。在殡仪馆里这个场景的设计,也从一个侧面检验了辅导对象对待死亡的态度。有些人是可以直面死亡的,就像那两位毫不犹豫躺下来的死者扮演者;有些人虽然能够面对,但是心理上还是有一层防护膜,如那两位扮演“站立的死者”的辅导对象,当主持人说“你们为什么不躺下来演得更逼真些呢?”她们的回答是,“那样就好像是自己真死了一样”。有的小组没有人愿意扮演死者,就会出现两位死者家属和一位殡仪馆工作人员的角色,这些人恐怕还是对死亡有恐惧甚至排斥,这也为我们后面的“死亡教育”团体辅导主题提供了方向。

在活动分享环节,大家的共识是,自己在活动中的表现反映了自己平时的待人接物模式,平时比较有主意,在家、在外面说了算的,自然而然地就成了小组的领导者,而平时好给人出谋划策的人在这个活动中的点子是比较多的,成了军师的角色，而平时就比较随和、不愿意操心的人在活动中也愉快地扮演着跟随者的角色。大家都觉得这个活动给他们带来了快乐，仿佛回到了童年。经过这十二次活动，辅导对象充分认同了回到童年、回到往昔美好岁月的活动方式，他们从中感受到了益处，这也证明了怀旧疗法是受老年群体欢迎的方法。

场景：医院
人物：病人、病人家属、医生

场景：法院
人物：律师、证人、书记员

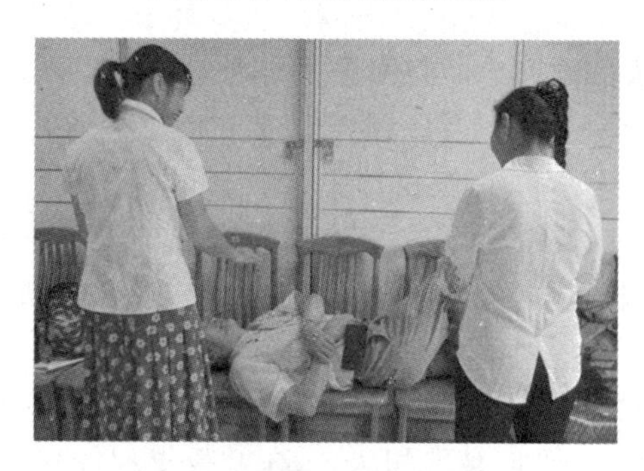

场景：殡仪馆
人物：入殓师、逝者

场景：马路上
人物：路上行人

场景：健身房
人物：健身教练、学员

场景：小学校园
人物：做早操的学生

(二) 老年人在主要活动中的表现

由于在上一次活动中已经指定好了B组的导演，辅导对象也已经体验过一次神话心理剧了，所以这一次活动大家都立刻进入了状态。B组导演经过了一个星期的准备，她拿出了事先打印好的“剧本”，先挑选主要演员：孔子、阎王、老当益壮的老人。汲取了上一次只在A组挑选演员，存在人员不足的教训，这一次B组导演把A组、B组的所有成员都调动起来了，除了孔子与阎王分别由一个人饰演以外，其他人都是老当益壮的老人。接下来B组导演给大家说戏，她的剧本是这样的：

在世界的东方有一个有着远古文明的古国，经历了上下五千年的历史变换。在这个古国上生存着一群善良、勇敢、文明、勤劳、充满智慧的人们。早在两千五百多年前就出现了一个伟大的思想家、政治家、教育家——孔子，他的哲学思想提倡“仁义”“礼乐”“德治”“教化”以及“君以民为本”等儒学思想，渗透到国人生活及文化领域中，同时也影响了世界上其他地方大部分人近两千年。

这个文明的古国，它的名字叫“中国”，在中国生存着一群人，有着黄皮肤、黑眼睛、黑头发，他们是龙的传人，他们奋发图强，要把祖国建设得更加繁荣昌盛。

一天，阎王打开生死册，要把那些年纪大的老年人召回。这些老年人得知消息以后都说：“不，我们不能被你召回，我们还要保卫祖国、建设祖国，为我们国家的四个现代化建设贡献我们每个人的一份力量，我们人虽老但志更高，老当益壮且精神更旺！”阎王被他们感动了，他大笔一挥，说：“再给你们一百年。”之后，这群人参与到国人的“追梦”中。继武汉长江大桥建成之后，全国各地一座座桥梁横跨江河、湖泊之上，还有港珠澳大桥打破了世界最长跨海桥梁记录。一条条高速公路、一条条铁路、一列列轻轨连接着全国各地每座城市，形成了人们沟通之间完善的纽带。每座城市高楼林立，直冲云霄，华灯闪烁，互相辉映。人民军队威武强壮，继蘑菇红云冲天后，氢弹、核弹弹道导弹研制相继成功，人造卫星成功送上太空运行，以及自行研制航空母舰成功。强大的三军威严地守护着祖国的海疆，有力地捍卫了国土的完整和安稳。

展望祖国江山，宏伟壮丽，实现四个现代化，朝着科技建设一路高歌。人们生活水平得到全面提高，幸福指数更上一层楼。啊，厉害啊，我的国！

心理剧的演出过程，大家的热情空前高涨。这一方面是因为全员参与，每个人都闪亮登场，另一方面是因为剧本能引起大家的共鸣。他们大多数人出生于20世纪50年代，那时的中国正处于国家建设的初始阶段，国家号召人人为国奉献，每个人要做到国家利益、集体利益高于一切，这份为国家做贡献的热忱随着时代发展深深烙在他们的心中，他们为国家建设坚守岗位，吃苦耐劳，发光发热。如今他们退休(离休)了，已入桑榆之年，但这一份信念依然存在。故事中的“老当益壮”“再活一百年"等可以反映出他们的爱国主义、奉献精神、集体主义情结，这也是他们这一代人的集体潜意识——建设祖国，渴望祖国富强。

从剧本中就可以反映出时代背景，那是轰轰烈烈大干四个现代化（工业现代化、农业现代化、国防现代化、科技现代化）的年代。四个现代化是20世纪50～60年代提出、70～80年代提得最响的国家奋斗目标，而80年代正是大多数辅导对象的青春时代。编剧把她人生中最美好的青春时代固着于内心，同时，作者的大脑并没有僵化，她还在与时俱进地"追梦"，享受着我国现代科技发展带来的美好生活。

此外，从故事中的"阎王""再活一百年"也看到了团员对于死亡的态度，"让阎王收回成命"在一定程度上有对死亡来临的不愿接受或者还没有做好思想准备。从热身活动出现的对"殡仪馆""入殓师"的忌讳以及到故事中的"阎王"等，都一定程度上反映了辅导对象的死亡情结，他们不想面对死亡，想长命百岁，而这也是一种逃避心理。我们心理辅导的目的之一就是引导辅导对象学会面对死亡，在后面的活动中我们要进行"死亡教育"主题辅导。

导演兼编剧抽到的三张牌

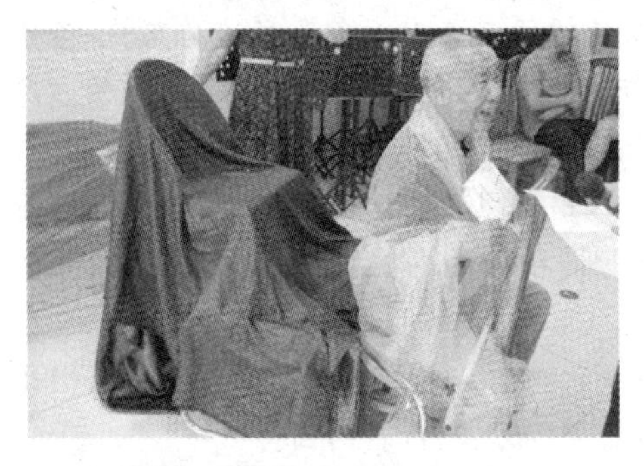

辅导对象表演：孔子坐着马车到处游说，传播儒家思想文化。

辅导对象表演：阎王巡查世间，要把不应留在世间的人召回。

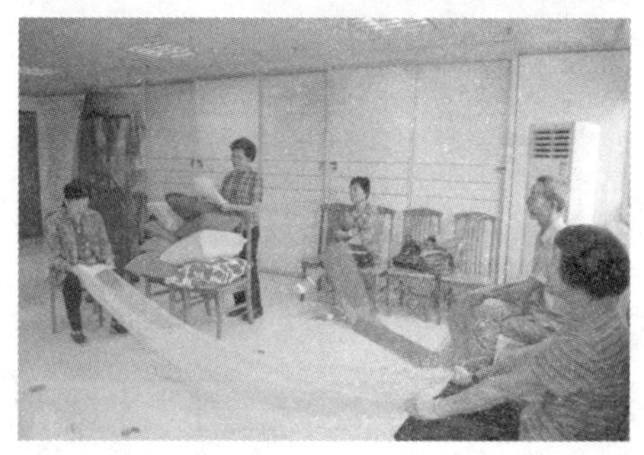

活动场景布置

“活动很有创意，很有正能量。”

“活动创意很好，祝大家延年益寿，
祝中国强国梦早日实现。”

(三) 老年人在结束活动中的表现

本次的结束活动，依然是在“人造海洋”中演唱《大海啊，故乡》，与上次不同的是，这次我们要站着舞动演唱，由于本次的神话心理剧是全员参与演出，而且演出效果明显好于上一次，所以大家热情依然处在高亢状态，大家挥舞着彩纱尽情地唱着、舞着，那轻盈的动作、自我陶醉的表情，仿佛有一种想让时间就停留在这一刻的愿望！

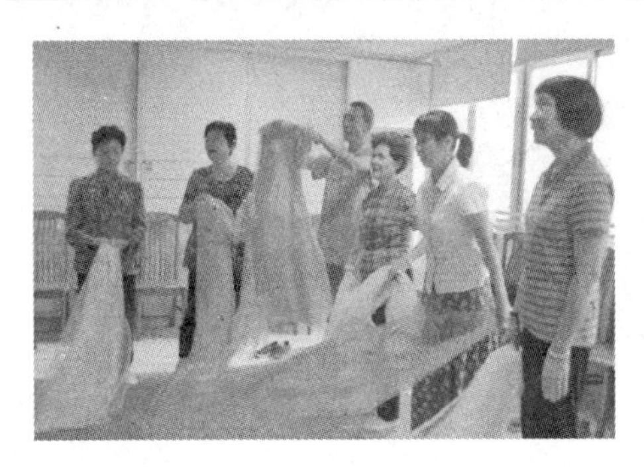

结束活动照

七、辅导后反思

本次活动的神话心理剧演出比上一次要好很多。这主要是经过了一个星期的准备，导演写的剧本内容丰富了很多，主持人也加强了训练，另外针对上一次的问题（场景少，没有台词），这一次的演出设置了几幕场景，还增加了台词及人物对话，整个剧情变得比较完整。所以，提前准备剧本并且将剧本所包含的要素介绍清楚非常重要。本次活动的剧本，其实严格说来还不算是剧本，只是一篇文章而已。剧本应该呈现的是一幕幕的场景及每个角色，还有台词等，另外道具的要求也要提出来，便于我们提前准备。

通过这两次神话心理剧演出的大胆尝试，我们认为神话心理剧是可以运用于老年人的团体心理辅导的。辅导中不必完全按照神话心理剧的七个步骤去做，重要的是运用塔罗牌作为媒介来提供素材，讲出故事；辅导中不必注重“主角”的转化和具体工作改变，而要注重辅导对象的领悟和成长。

活动十三　让童年记忆飞——老化态度主题

一、活动理念

老化态度是老年人对自己老化的体验以及评价，它包括积极和消极两个部分。积极的老化态度是指有关老年期的正向感受和体验，如健康良好、坚持运动锻炼和由年龄增长带来的智慧或成长等；消极的老化态度是指对由年龄增长而带来的生理、心理和社会等方面的负面感受和体验。研究表明老化态度同样与老年人心理健康有密切关系，探讨老年人的老化态度，将有利于帮助老年人形成积极的老化态度，确保老年人的身心健康，提高生活质量，帮助老年人度过幸福的晚年生活。本次团体辅导运用了绘画治疗和怀旧治疗的相关理论与技术。

人类是先创造图画再创造文字的，幼儿也是先会画图再学文字的。用图画传递出的信息自然要比语言更丰富，一幅图画胜似千言万语。在进行绘画的过程中，创作者能够将被压抑在潜意识中的情感与冲突通过非言语、可视化的方式表现出来，从而获得抒解与满足。怀旧疗法的理论认为，无论怀旧以何种情绪体验存在，都可以帮助人们省察与说明对过去事件或情境的内在感受或冲突，以增加对现有环境的适应能力，并协助达到自我完整的目标。

“童年游戏、歌谣大串烧”活动中，让辅导对象佩戴红领巾、做童年的游戏、唱童谣，唤起他们关于童年的回忆，同时激发辅导对象的头脑及身体的活力，培养其对老年生活的正向感受和体验。“团体画中飞出的童年故事”以黑板画为媒介，让他们分享共同创造的故事和童年回忆，强化辅导对象与童年的连接，保持单纯、快乐、活泼向上的生活态度及团队合作精神。最后诗朗诵的环节，帮助老年人树立积极的老化态度，同时有仪式感地结束本次活动。

二、活动目标

(1) 通过“童年游戏、歌谣大串烧”活动激发辅导对象的头脑及身体的活力，培养其对老年生活的正向感受和体验，树立积极的老化态度。

(2) 以黑板画为媒介，强化辅导对象再次与童年做连接，保持单纯、快乐、活泼向上的生活态度及团队合作精神。

三、活动道具

红领巾1条/人，辅导对象自带的童年玩具若干，我们准备的童年玩具若干(如橡皮筋、大绳等)，35 cm×50 cm黑色画纸1张/组，粉彩笔1盒/组，A2白纸若干张，蜡笔若干盒。

四、活动设计

活动名称	活动目的	活动时间	备注
精彩回顾	唤起辅导对象对前两次活动内容的回忆，使其有所触动，带着感悟投入到本次团体辅导中。	10分钟	活动前全员戴上红领巾。
童年游戏、歌谣大串烧	通过该活动激发辅导对象的头脑及身体的活力，培养其对老年生活的正向感受和体验，树立积极的老化态度。	40分钟	
团体画中飞出的童年故事	以黑板画为媒介，强化辅导对象再次与童年做连接，保持单纯、快乐、活泼向上的生活态度及团队合作精神。	60分钟	发放小黑板和粉彩笔。
朗诵《你们年轻，我们也年轻》	通过诗词内容来教育和鼓舞辅导对象，进一步强化其积极的老化态度。	5分钟	活动前给全员分发诗篇。

五、活动方案

(一) 热身活动：童年游戏、歌谣大串烧

活动目的：通过该活动激发辅导对象的头脑及身体的活力，培养其对老年生活

的正向感受和体验,树立积极的老化态度。

活动规则(该活动为全员活动):

1. 童年游戏

(1) 分组游戏

根据辅导对象和辅导员自备的童年游戏道具,我们分成了“跳皮筋”“跳大绳”“弹溜溜”“欻嘎拉哈”[①]“踢毽子”五个小组,成员根据自己的喜好及擅长的项目自愿选择参加一个小组的游戏,中途还可以自愿换组玩游戏,即每位成员可以选择只留在一个小组玩游戏,也可以选择先后去几个小组玩游戏,直到分组游戏时间到。

(2) 集体游戏:“老鹰捉小鸡”和“丢手绢”

先进行“老鹰捉小鸡”游戏,然后进行“丢手绢”游戏,直到游戏时间结束。

注意:这些游戏与我们之前活动的游戏相比,活动的幅度及激烈程度都要高出很多,组织者一定要时刻关注到每位辅导对象的状况,注意安全。

2. 童年歌谣大串烧

随机由一位辅导对象开始表演童年歌曲串烧,他(她)唱的童年歌曲其他成员会唱的一起跟唱,不会唱的一边聆听一边击掌打节拍,一曲唱完之后,另一位辅导对象接唱另一首童年歌曲,以此类推,直到活动时间结束。

注意:本次热身活动因耗时较长、辅导对象的体力消耗也比较大,且下面的主要活动与其紧密连接,所以就不进行活动后分享了,分享环节集中到主要活动结束后进行。

(二) 主要活动:团体画中飞出的童年故事

活动目的:以黑板画为媒介,强化辅导对象再次与童年做连接,保持单纯、快乐、活泼向上的生活态度及团队合作精神。

活动规则(该活动在小组内完成):

(1) 主持人介绍、讲解用黑色画纸作画的目的和方法(通常我们绘画用纸都是白色的,选择用黑色画纸作画,目的是使辅导对象很容易与学生时代做连接,因为黑色画纸会使辅导对象联想到黑板、教室、老师、小学生活、中学生活、大学生活……用黑色画纸作画的画笔要用粉彩笔)。

(2) 分组:按照热身活动的几个游戏自愿选择进行分组,分为“跳大绳”“跳皮筋”“踢毽子”“弹溜溜+老鹰捉小鸡”四个小组,每组五人左右。

(3) 小组作画:各小组结合本小组的游戏内容集体创作一幅小组画,要求每位组员都要参与出谋划策及作画,所作的小组画要能够绘成一个故事。

(4) 分享小组画:各小组组员讲解其“团体画中飞出的童年故事”。

---

① 嘎拉哈为满语音译(gǎ lā hà),指羊后腿的膝盖骨;欻嘎拉哈是满族女孩儿的传统游戏。

注意:组织者在组织本次活动时要考虑到个别辅导对象对黑色画纸的忌讳(联想到死亡),所以还要准备几张同等大小的白色画纸供辅导对象选择,即每个小组既可以选择用黑色画纸,也可以选择用白色画纸作画。

活动后分享:

(1) 玩童年游戏、唱童年歌曲使您想到了什么?活动过程中您身体吃得消吗?

(2) 用黑色画纸创作团体画,您在创作过程中的心情如何?您的创作感受是什么?

(3) 你们小组为什么没有选择用黑色画纸作画?有什么忌讳吗?

(4) 你们小组是如何完成小组画的?有总指挥吗?有军师吗?您对小组画的贡献是什么?

(5) 这个活动给您带来了哪些思考?它对您未来的生活有什么启发吗?

(三) 结束活动:朗诵《你们年轻,我们也年轻》

活动目的:通过诗词内容来教育和鼓舞辅导对象,进一步强化其积极的老化态度。

活动规则:全员站在活动室中间(尽量站出表演的队形),每位辅导对象要带着饱满的情感大声朗诵。

你们年轻,我们也年轻

田华

你们年轻,我们也年轻,你们年轻总是写在脸上,我们年轻总是藏在心房。

你们做梦,我们也做梦,你们做梦充满了遐想,我们做梦从来不去多想。

你们有爱情,我们也有爱情,你们的爱情讲究的是热烈奔放,我们的爱情讲究的是日久天长。

你们是财富,我们也是财富,你们的财富在于来日方长,我们的财富在于饱经沧桑。

你们是太阳,我们也是太阳,你们是一轮火红的朝阳,蒸蒸日上,我们是一抹绚丽的夕阳,同样灿烂辉煌。

朋友,朋友们,不要看我们年过半百银发飘零,归根的落叶尚能肥沃泥土,降落的夕阳意在点燃繁星,我们为什么退休而不退伍?只要雄心不老就有无限的潜能!

注:诗朗诵开始要播放背景音乐《月光下的云海》。

活动十三教学课件

活动十三精彩回顾

六、活动总结

（一）老年人在热身活动中的表现

本次团体辅导的活动日期恰逢儿童节，我们就设计了以怀旧、回到童年时代的“童年游戏、歌谣大串烧”活动，我们的目的是通过创设情境带领辅导对象回到童年时代，重新感受、体验童年生活，降低他们的失落感，使他们重燃生命的活力，感受到生活的快乐。为此，我们提前向他们布置了“作业”，每位成员在本次活动中都要带1～2件童年时玩过的玩具过来。

我们首先在创设情境上下功夫，活动室里萦绕着辅导对象童年时代耳熟能详的歌曲——《让我们荡起双桨》，辅导员们站在活动室门口迎接着一位位辅导对象的到来，给他们戴上红领巾，给女性辅导对象扎上两个小辫子，这样的举措马上就把他们的积极性调动起来了，他们纷纷向我们敬少先队队礼，那标准的姿势、灿烂的笑容，真像一个个小小少年呢。他们带来的玩具虽然不多，但是加上我们准备的一些玩具，最终也开设了“跳皮筋”“跳大绳”“弹溜溜”“欻嘎拉哈”“踢毽子”“老鹰捉小鸡”“丢手绢”七项游戏。游戏的过程中他们全然忘记了自己的年龄，开心地跳、开心地追逐、开心地弹溜溜，我们发现，大多数游戏都是不分时代的，如踢毽子、跳大绳、老鹰捉小鸡，现在的孩子们也在玩。所以在分享中，我们的“95后”辅导员都说：“在游戏方面我们没有代沟。”还有些游戏也是不分南北的，如“欻嘎拉哈”游戏，嘎拉哈及沙包是我们的主持人带来的她童年时代在东北玩的游戏道具，她带来的目的是想向大家展示一下她儿时的独特游戏。没想到，这道具一亮出来，一众女性成员就兴奋了，她们愉快地将嘎拉哈丢在两腿中间，抛起沙包，忘我地玩起来，真是“南北一家亲”呀！在游戏的过程中辅导对象们的表情就宛如少男少女一般，他们的身体也灵便了起来，在跳大绳和跳皮筋的过程中，有一位男成员和两位女成员都摔倒了，但是他们就像孩童一般迅速爬了起来，笑着继续跳啊跳。

童年游戏中我们的辅导对象不服老，童年歌谣大串烧中他们更是童心未泯，歌曲《小燕子》《小鸭子》《丢手绢》《二小放牛郎》《我们是共产主义接班人》《小小螺丝帽》《共产儿童团歌》《我爱北京天安门》《让我们荡起双桨》……他们一首接一首地唱得很投入，也很欢快，如果不是活动时间有限，他们再唱上一两个小时估计也还没尽兴呢！

这个活动虽然完成得很圆满，但是在总结会上，我们全体辅导人员都认为设计活动要安全第一，尤其要特别注意七十岁以上辅导对象的安全问题，尽量不做活动强度、幅度大的游戏。

“少先队员”敬礼

弹溜溜

跳大绳

踢毽子

欻嘎拉哈

跳橡皮筋

丢手绢

老鹰捉小鸡

辅导对象演唱童年歌谣

（二）老年人在主要活动中的表现

本次的主要活动是“团体画中飞出的童年故事”。该活动是对前面的热身活动（“童年游戏、歌谣大串烧”）的紧密承接，请辅导对象们自愿选择一个喜欢的游戏进入一个小组（“跳大绳”组、“跳皮筋”组、“踢毽子”组、“弹溜溜＋老鹰捉小鸡”组）参加绘制团体画活动。非常巧的是，四个小组的人数基本相当，活动依然要求辅导对象要沉浸在童年时代的生活中，将刚刚游戏中的体会及感受画在画纸上，分享时每组讲一个动人的故事。我们选择黑色画纸给辅导对象，目的是促进他们与童年学习生活的连接，用黑色画纸作画就仿佛在黑板上作画，这会使有些辅导对象想起童年上学时趁老师不在偷偷在黑板上涂涂画画的场景，还有些辅导对象童年时很乖，没有在黑板上涂画的经历，那么此时画“黑板画”，会给他们带来一种神秘的感受，这样，辅导对象们的感受就会更为多元。

团体画活动较之刚刚的游戏活动，明显难度升级，开始绘画时相当一部分辅导对象是有为难情绪的，他们纷纷说自己不会画画，讲故事就用文字写出来更简单。俗话说，“老小孩，小小孩”，其意就是说老人时常会跟小孩子一样地任性。此时，主持人耐心地说明，循循善诱。主持人解释：“分组画团体画，不是让你们比赛绘画的技能，是为了开发你们的右脑，你们平时用左脑思考、表达，利用率太高了，现在该启动一下被您冷落了的右脑了。启动右脑，会唤起您的潜意识和直觉力，您会有一些全新的发现和感受，画团体画，每个人都要贡献自己的创意，大家合作完成一幅画，你们一定会有不同的收获的。”

在主持人的鼓励及指导下，辅导对象们在各小组内开始争先恐后地献艺献策，呈现一片热闹祥和的景象。

我们要求每个小组的画都要呈现出一个故事来，而辅导对象们脑洞大开，原本我们设想的是每组画一幅团体画，结果每个小组都画了3～4幅连环画，分享环节讲故事的时候，各小组成员的脸上都洋溢着幸福和成就感。

“跳皮筋”组以学校为场景，讲述的是下课间隙同学们争先跳出花色、跳出高度的故事；“踢毽子”组以宋城墙为场景，讲述了放学路上，大家愉快玩耍的故事；“跳大绳”组没有选择用黑色画纸作画，而是选择的白色画纸作画，主持人问他们：“不选择黑色画纸是有什么忌讳吗?”他们回答：“不是。”他们觉得白色画纸色彩对比鲜明，因为他们选择的是郊外的场景，讲述的是周末放假几个好朋友去郊外游玩，一起愉快地跳大绳的故事；“弹溜溜＋老鹰捉小鸡”组选择的场景有好几处，有大槐荫树下小伙伴们一起弹溜溜的画面，有池塘边放完生产队的鸭子回来大家一起玩“老鹰捉小鸡”的画面，有学校操场上大家一起丢沙包的画面……

大家讲啊讲，越讲越兴奋，已经远远超时了，但是大家还意犹未尽，最后以一位老先生歌唱《共产主义儿童团歌》结束了主要活动。

跳大绳组：“下课后，同学们玩老鹰抓小鸡、跳绳、丢手绢，吸引了很多人来看，表现出新中国儿童很幸福。”

跳皮筋组：“太阳出来时就背上书包上学了，在课余时间活动活动，跳橡皮筋，抛沙包。”

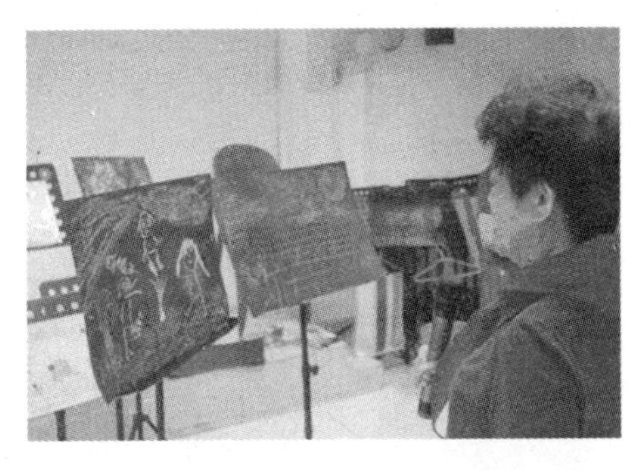

“平时上课比较紧张，休息时看到这么美的景色，就在这里开开心心地玩了一个下午。”

“槐荫树下小孩子赶着去弹溜溜。”

“以前伙食不太好，但和院子里的很多孩子一起玩，自己做玩具，很快乐。”

“酸甜苦辣酿的酒，作品展示不知喝了多少杯。嘿哟！”

（三）老年人在结束活动中的表现

在热身活动和主要活动中，我们以怀旧和绘画疗法将辅导对象带回到童年，旨在启发他们以一颗童心去保持活力，面对衰老。而在结束活动中，我们就要把辅导对象带回到现实中。

散文诗《你们年轻，我们也年轻》的诗词内容是积极的老化态度的充分体现：“你们年轻，我们也年轻，你们年轻总是写在脸上，我们年轻总是藏在心房……你们是太阳，我们也是太阳，你们是一轮火红的朝阳，蒸蒸日上，我们是一抹绚丽的夕阳，同样灿烂辉煌……不要看我们年过半百银发飘零，归根的落叶尚能肥沃泥土，降落的夕阳意在点燃繁星，我们为什么退休而不退伍？只要雄心不老就有无限的潜能！”我们把朗诵作为结束活动，可以说是紧扣主题的一次升华活动。

主持人让大家集中站成一个半弧形，在背景音乐《月光下的云海》的衬托下，大家饱含激情，豪迈朗读。

“你们年轻，我们也年轻。”

“你们年轻总是写在脸上，我们年轻总是藏在心房。”

七、辅导后反思

活动开始之前我们让辅导对象携带一些在童年进行的游戏所用的道具，并且在本次活动的热身活动环节与其他辅导对象一起游戏。我们发现本次团体辅导全体辅导对象都很感兴趣，因此，建议可以在本环节多进行一些时间，让辅导对象多体验各种童年游戏。

在“团体画中飞出的童年故事”这一环节需要注意，最好提前准备好白纸和蜡笔，以免遇上辅导对象不想用黑色纸画画，无法进行这一活动的情况。在本次活动中有一个小组不太接受用黑色纸作画，最后选择了用白纸和蜡笔作画。也有一些辅导对象会担忧自己的绘画技巧不足，不愿下笔，这时辅导员要注意引导他们，团体辅导中的绘画并不需要多么高深的绘画技巧，只要能够表达出自己心中的想法、内容即可。

在后面的分享环节，辅导对象们表现得很积极，特别是当我们把话题引入到关于童年的评价和童年回忆时，他们的倾诉欲望会比较强烈，主持人要注意一下时间的把控。我们发现，辅导对象们的童年，是与众多小伙伴一起快乐玩耍的童年。他们当时的游戏活动比较贴近大自然，且很多玩具都是由自己制作，需要跟小伙伴合作来玩的，可以说我们所有辅导对象的童年回忆都是快乐而美好的。联想到我们当下的幼儿及青少年，他们玩的玩具花样繁多，但是又有多少孩子能体验到那种简单、纯粹、与小伙伴们共娱乐的快乐呢？

活动十四　让我们知珍惜——生命教育主题

一、活动理念

本次团体辅导我们依然选择生命教育主题，侧重在“珍惜生命，热爱生命”的角度开展活动。

埃里克森把自我意识的形成和发展过程划分为八个阶段，而把第八个阶段总结为，大多数人到老年时都能保持原来的状态。埃里克森认为，老年人还有一种危机要克服。他说：“人对唯一的一次生命，是将它作为不得不是这个样子而接受的，是将它作为必然的、不允许有其他替代物而接受的，是以人的生活是人自己的责任这样一个事实而接受的。”不能形成这种良好整合的人会落入失望的境地。生活中没有什么东西比一个老年人的失望更悲哀，也没有什么事情比一个充满完善感的老年更令人满足。埃里克森自我意识理论的第八个阶段便是自我整合对失望冲突。即使到了晚年，人的生命依然有着莫大的意义。

本次团体辅导依然采用设景技术并辅助意象对话来完成主题团体辅导。本次团体辅导的设景不同于前几次，前几次的设景都是由辅导对象来完成的，而本次团体辅导的设景由我们辅导团队来操作。在热身活动“蹒跚三人行”中，我们设置了一条充满障碍的路线，要求每个“失能”的三人小组（“聋哑人”“盲人”“跛行者”）穿越障碍，完成蹒跚之旅。相信辅导对象在活动过程中的体验和感受会激发起他（她）对生命、未来的思考及计划；在主要活动“大海的怀抱”中，我们创设了一个“大海”的环境，请辅导对象躺在“大海的怀抱”里去感受大海的接纳、大海的包容、大海的温度，在主持人指导语的引导下，想象自己是大海中的某一种生物，形成意象，与意象对话。意象对话是辅导者与辅导对象运用“原始认知”（形象化思维）进行工作的一种方法，作曲家、画家都是运用原始认知进行创作的。辅导对象在与原始认知工作的过程中，其身心得到放松，压力得以舒缓，潜意识的意象得以改善，对未来前进的方向更加明晰。结束活动是演唱《橘颂》，以一首辅导对象非常熟悉的怀旧歌曲《橘颂》让辅导对象在载歌载舞中再一次去体验生命的坚韧力量（像橘树一样的力量）。

二、活动目标

(1) 创设情境让辅导对象体验失能的感受,启发其思考失能状态下的生存能力培养;同时培养辅导对象的团结协作能力及沟通、协调能力。

(2) 创设情境为辅导对象放松减压,激发其想象力寻找归属感,以大海般包容、宽广的胸怀去迎接生活中的变化与挑战。

三、活动道具

眼罩1个/组,口罩1个/组,绑腿绳1条/组,椅子若干把,包装绳1卷,海蓝色帆布(150 cm×500 cm)4块。

四、活动设计

活动名称	活动目的	活动时间	备注
精彩回顾	唤起团员对上一次活动内容的回忆,使其有所触动,带着感悟投入到本次团体辅导中。	5分钟	
蹒跚三人行	创设情境让辅导对象体验失能的感受,启发其思考失能状态下的生存能力培养;同时培养辅导对象的团结协作能力及沟通、协调能力。	45分钟	分发眼罩、口罩和绑腿绳,每样物品每组各发一个。利用椅子和绳子提前设置好障碍。
大海的怀抱	创设情境为辅导对象放松减压,平复其在前面活动中的负性情绪,激发其想象力,寻找归属感,以大海般包容、宽广的胸怀去迎接生活中的变化与挑战。	45分钟	在地上铺上海蓝色帆布,辅导对象脱鞋进入并躺好,每人之间留有一臂间隔。
演唱《橘颂》	通过演唱《橘颂》,激发辅导对象对生命的热爱及像橘树一样坚定不移的意志力。	5分钟	派发歌词单。

五、活动方案

（一）热身活动：蹒跚三人行

活动目的：创设情境让辅导对象体验失能的感受，启发其思考失能状态下的生存能力培养；同时培养辅导对象的团结协作能力及沟通、协调能力。

活动规则(该活动为全员活动)：

(1) 随机三人组成一组。

(2) 一人戴口罩扮聋哑人，一人戴眼罩扮盲人，一人用绳子绑住脚使其单脚行走扮跛行者。游戏过程中，戴口罩者不能发出声音，戴眼罩者不能摘下眼罩或偷看，绑脚者需单脚行走，三人相互协作，相互扶持通过预先设置好的障碍，从起点出发通过障碍后回到起点方为完成。用时短的组获胜，违反规则就回到起点重新出发。

注意：设置的障碍为，将几把椅子摆开一定的距离和角度，摆在活动室中间位置，包装绳缠绕在这几把椅子腿上使绳子间形成距离地面 20～30 cm 高度的一个包围圈，辅导对象需跨过这个包围圈。要注意老人们的安全，障碍不能设置得太难通过。

(3) 一轮游戏后，身份转换，直至每人都体验过三种身份(聋哑人、盲人、跛行者)。

活动后分享：

(1) 您在该游戏中的表现如何呢？违规(扮聋哑人时讲话了、扮盲人时偷看了、扮跛行者时双脚走路了)过吗？

(2) 你们小组的成绩怎样？是如何合作的呢？您在游戏中是如何扮演三个角色的呢？

(3) 您对扮演的三种失能人的体会(感受)是什么？您觉得哪种失能人最痛苦？

(4) 假如有一天您成为了失能人，您会如何应对？

(5) 这个游戏给您带来的思考是什么？有什么想对自己和大家说的吗？

（二）主要活动：大海的怀抱

活动目的：创设情境为辅导对象放松减压，平复其在前面活动中的负性情绪，激发其想象力，寻找归属感，以大海般包容、宽广的胸怀去迎接生活中的变化与挑战。

活动规则(该活动为全员活动):

(1) 布景:活动室内桌椅清空(最好在舞蹈室进行,老年大学一般都有舞蹈室),将海蓝色帆布平铺在地板上(要将地板全覆盖),创设出大海的环境。

(2) 全体成员进入"大海":采用想象放松法,在主持人指导语的引导下,全体成员慢慢地走进"大海",然后坐在"大海"上,最后平躺在"大海"上。

(3) 放松阶段:跟随背景音乐以及主持人的指导语,做身体放松运动。

(4) 自我探索阶段:全员发挥自己的想象,通过动作(抬臂、抬腿、翻滚、舞动等)舒展自己,形成在"大海"中的意象,与意象对话。

注意:整个活动进行时要播放背景音乐《梦幻时光》。

活动后分享:

(1) 您在"大海的怀抱"中的感觉怎么样?您都看到了什么?您跟"大海"中的谁进行了对话?对话后的感受是什么?

(2) 这个活动给您带来了哪些思考?您有什么想对自己和大家说的吗?

(三) 结束活动:演唱《橘颂》

活动目的:通过演唱《橘颂》,激发辅导对象对生命的热爱及像橘树一样坚定不移的意志力。

活动规则:全员跟随歌曲旋律,舞动彩纱,边唱边舞。

活动十四教学课件

活动十四精彩回顾

六、活动总结

(一) 辅导对象在热身活动中的表现

热身活动"蹒跚三人行"需要三位"失能"的组员互助互伴通过障碍,这个活动除了要考验三人之间的沟通协作能力外,更重要的是要考验三个人在"失能"状态下的心态。因为我们的辅导对象都是老年人,他们真可谓"足智多谋",听清楚游戏规则后，各小组就迅速制订出了活动对策。在活动过程中，他们在通过障碍时会顾虑自身的身体状况，小心翼翼地前行，各小组基本上都是由“跛行者”做指挥、“聋哑人”做“大力士”（搀扶者）、“盲人”做“跛行者”的“拐杖”。扮演“跛行者”的人大多不敢做出跳跃障碍的动作，尽管我们设置的障碍并不高（跳跃高度仅有 20 cm 左右），但他们宁可双脚落地跨越障碍违反规则，也不会费力冒险做英雄，有个别扮演“盲人”的辅导对象担心摔倒从而违规拉开眼罩偷看，只有个别扮演“聋哑人”的成员都遵规守矩没人讲话。

从这一活动的完成情况来看，老年人团体与其他团体有很大的区别，他们老成、谨慎、固守陈规，善于寻找和利用支持系统，不像年轻人团体那样追求速度、敢于冒险、追求个人英雄主义等。如之前我们研究过的大学生团体、消防员团体等，他们都是年轻人，很多人在活动中扮演“跛行者”时不会利用三人小组的力量，而是单打独斗（不依靠队友的臂膀），单腿跳跃，绝对遵守规则跳跃障碍，扮演“盲人”时也不用人搀扶，独自摸索前行……

总结来看，老年人团体在“失能”体验中寻求支持、寻求帮助的意识好于年轻人团体，他们对身体的保护意识及危险意识明显要高于年轻人。

在分享环节，辅导对象们纷纷表达了体验“失能”的感受，多数人认为失明变成盲人是最痛苦、最难过的；个别人表示这次活动体验到了聋哑人有话讲不出的难受心理；好几位成员因为腿脚曾经受过伤，表达了对跛行者的深深同情和理解。当分享“这个活动给您带来了哪些思考”时，大家纷纷表示出要尊重残障人士，多关爱残障人士。一位成员还分享了她在法国机场看到的对残障人士实行特别的关爱措施，无障碍绿色出行的场面。他们谈到更多的是珍惜当下、珍惜健全的重要性，并表示要坚持每天运动，要注意养生。大家还纷纷介绍自己的养生经验，有介绍每天做眼操保持视力的，有介绍按摩养生的，有介绍做瑜伽及唱歌养生的，还有介绍饮食养生的……大家津津乐道，如果不是时间有限，大家会一直谈下去。当分享“假如有一天您成为了失能人，您会如何应对”时，大家并没有讨厌这个问题，仿佛早有准备似的都表示要去面对，变成盲人要去学盲文，中风偏瘫了要做康复训练……总之，要活下去。这一点又体现出了老年人团体与年轻人团体的不同，年轻人团体每每面对这一问题时，会有人表示出悲观绝望的情绪，而老年人表现出的是从容。当然，这只是个游戏体验而已，但是也能够反映出“从心所欲不逾矩”的岁月沉淀来。

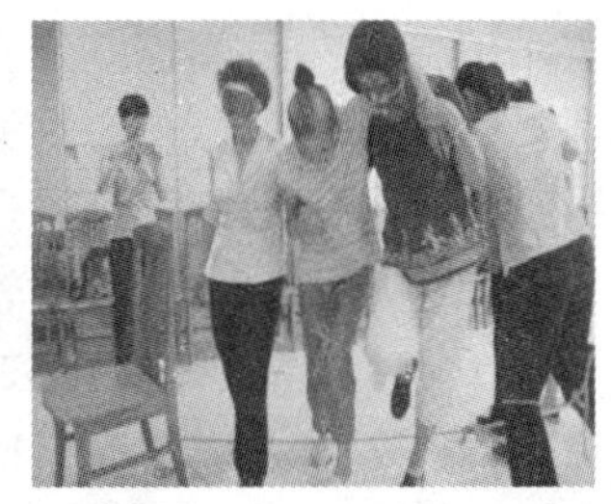
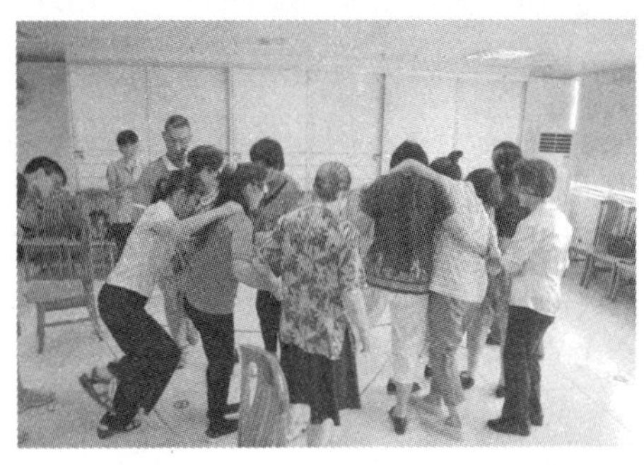

辅导对象参与"蹒跚三人行"活动

"盲人看不见,心里也感受不到别人,感觉很可怕。"

"面对疾病要积极治疗。"

"残障人士也会有自己的价值。"

"希望大家要好好爱惜自己。"

（二）辅导对象在主要活动中的表现

本主题的主要活动是“大海的怀抱”，是一个想象放松的环节。通过布景，借助背景音乐和主持人的指导语，帮助辅导对象构建一个“海洋世界”，令其在“海洋世界”中恣意畅游、放松减压、与意象对话。为了更好地进行这个活动，我们特意把活动场所移到了团体辅导室旁边的舞蹈室。

在活动过程中，由于主持人与辅导对象之间已经建立起来了良好的关系，他们很快就进入了状态，在主持人带领大家进行完全身放松后，他们放下了戒备和拘谨，在“海洋世界”里翻滚着、舞动着……

在“与意象对话”环节，大家充分施展了自己的想象力，呈现出来的意象可谓异彩纷呈，有成员把自己想象成小鱼，意喻小鱼体轻，自由自在；有成员把自己想象成珊瑚，意喻珊瑚有吸引力，可以吸附美丽的海草；有成员把自己想象成海带，意喻海带的漂浮与舞动的美；有成员把自己想象成海星，意喻海星不仅可爱，还可以任意驶向它想去的任何地方，哪怕是峭壁；有成员把自己想象成海龟，意喻自己像海龟一样长命百岁……我们运用意象对话技术引导辅导对象开启自己的原始认知（形象化思维），与自己的趋乐避害情感做一紧密的连接，通过与在“海洋世界”里形成的海洋生物（意象）的对话，让这些意象的美好象征意义得以表达，就如同接受了一次心灵洗礼，使辅导对象们保持美好情感去热爱生命，快乐地生活。

在活动中，主持人与辅导员们都分别与每一位辅导对象进行了“意象对话”，除了有一位辅导对象滔滔不绝（因这个活动唤起了她对陈年往事的倾诉欲）以外，其他成员都表示非常舒服、开心、仿佛更有活力了。

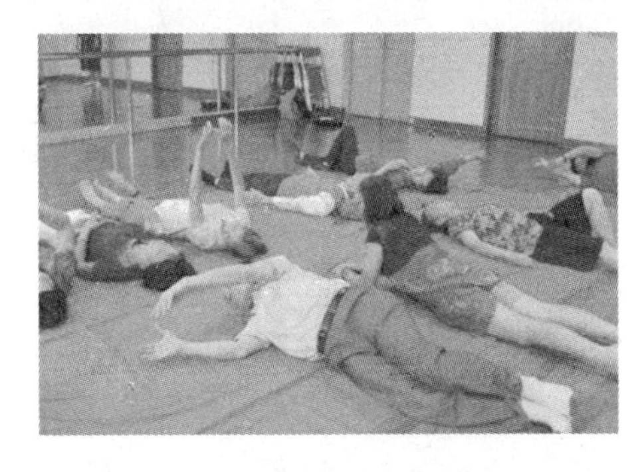

“在海底世界畅游。”

“你看到了什么呢?”

"在沙子上漫步。"

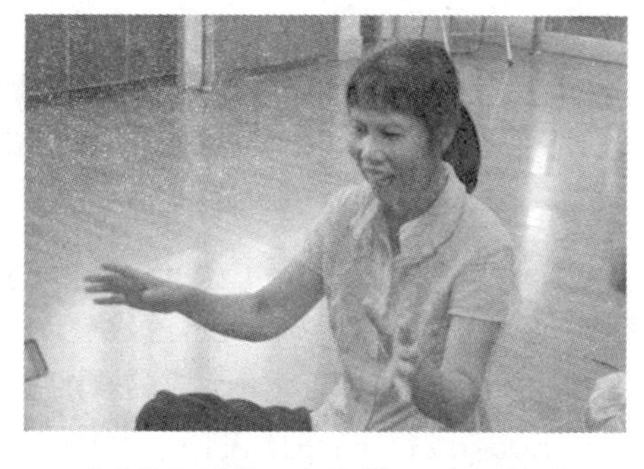

"感觉自己是一条海带,不断漂浮。"

"感觉自己是一条三文鱼,在海里游来游去。"

"看到了海马、海星以及很多漂亮的珊瑚。"

"感觉自己是一只海龟,因为海龟很长寿。"

"感觉自己是一个珊瑚,因为珊瑚可以依附很多漂亮的海草。"

(三)辅导对象在结束活动中的表现

本次结束活动是演唱《橘颂》。歌曲《橘颂》是电影《屈原》的插曲,歌词就是屈原的诗《橘颂》。之所以选择这首老电影插曲,一方面是激发辅导对象的怀旧情怀,使其思想与身体保持活力;另一方面是本次活动的时间正值端午节前夕,为了纪念爱国诗人屈原而选择了歌唱他的作品。

因为刚刚结束了"大海的怀抱"的活动,大家还沉浸在美好当中,当《橘颂》的前奏曲一响起，大家看到四十年前自己年轻时代的老电影《屈原》的视频画面的时候，立即群情激昂起来，纷纷选择自己中意颜色的彩纱，边唱边舞起来。“后皇嘉树，橘徕服兮。受命不迁，生南国兮。深固难徙，更壹志兮。绿叶素荣，纷其可喜兮。嗟尔幼志，有以异兮。年岁虽少，可师长兮。苏世独立，横而不流兮。秉德无私，参天地兮。”屈原的宁折不弯精神及《橘颂》的歌词鼓舞着大家，大家投入地唱、投入地舞，谁说花甲、古稀老矣，他们的生命活力正当年。

“深固难徙，更壹志兮。”

“苏世独立，横而不流兮。”

七、辅导后反思

本次团体辅导的“蹒跚三人行”活动完成的质量不是很高，有得过且过之意，他们的具体表现在活动总结部分已经做了详细的分析。应该说，这不是他们的态度问题，而是生活阅历、年龄和身体状况的问题。老年团体的谨慎有余、冒险不足也许是一个特点。所以这提示我们：在为老年团体设计活动的时候，对于有可能造成身体伤害及具有危险性及冒险性的活动应不予考虑进来。

“大海的怀抱”是本次活动的重点。从完成效果来看，达到了我们预期的目标。设计这个活动的思路来源于舞动治疗中关于“海洋”版块的一个片段，同时我们又创新地融入了意象对话的内容。但是，我们只是侧重于引导辅导对象形成意象，表达描述出意象，至于与意象对话的深层次内容在本次团体辅导中没有涉及。在这一活动中老年人的体验就像幼儿一样简单、纯粹，不像青少年那样对什么都说“幼稚”，不配合活动。老年人这样的表现不意味着他们回到了幼儿时代，而是曾经沧海之人的自在与包容。

结束活动中辅导对象表现得非常欢乐，这一方面也许是“大海的怀抱”活动充分放松后的表现，另一方面也许是对“蹒跚三人行”活动偏消极表现的一种补偿。

活动十五　让挫败成资源——挫折应对主题

一、活动理念

本次活动的主题是“挫折应对”，关于挫折，很多人对它的概念是不清楚的，常常把失意、创伤或意外误当做挫折，如跟恋人或好朋友闹矛盾不开心(失意)、遭遇灾害、身心遭受虐待或亲人突然去世等(创伤或意外)。

挫折，我们认为有两方面的含义，一方面是挫折事件(指人们在完成有计划、有目的的活动中，遇到阻碍，目标没有实现)，另一方面是对待挫折事件的认知及情绪反应。一般来说，遭遇挫折事件，人们或多或少都会产生低迷、失落的情绪反应(挫折感)，但是人们对待挫折事件的应对方式决定了他(她)的人生方向。

我们的辅导对象(老年人)经历了一个甲子以上的风风雨雨，每个人难免会遇到挫折事件，现如今在他们安享晚年的时候重新唤起他们的挫折记忆似乎有些不近人情，但是我们相信通过前面十四个不同主题的团体辅导(生命意义、生命教育、自我探索等)，他们的心理承受能力有了一定的提高，通过小组讨论、向同伴观摩学习、团体交流切磋的方式来讨论总结出挫折的应对方式，对他们今后的生活是有积极意义的。

在本次团体辅导中，我们运用格式塔理论中“觉察当下”的体验及“创造性地调整”两个重要概念开展活动。我们通过创设情境让辅导对象体验两个热身活动(“五脚六脚向前走”和“齐心协力搭高塔”)，让他们在体验挫败感的同时，通过小组合作的方式群策群力，寻求积极应对“挫折”的方法。主要活动“挫折经历回顾”则让辅导对象去回忆自己的挫折经历，我们提醒他们从个人情感、家庭生活、子女问题、工作挫折、身体疾病、退休后生活等方面去回忆，挖出挫折事件后，通过小组头脑风暴，聚焦问题，归纳出挫折应对的策略及方法。最后，通过仪式感的“抗挫之树我们种”活动，带领辅导对象将他们的“锦囊妙计”种到“抗挫之树”上，同时通过歌唱怀旧儿歌《小松树》升华他们的情感，在轻松愉快的氛围中结束本次挫折应对的主题活动。

二、活动目标

(1) 创设情境使辅导对象体验挫败感，训练其反应力、身体协调能力，培养其团队合作解决问题的能力。

(2) 引导辅导对象梳理自己退休后的挫折经历，通过小组讨论形成挫折应对的策略与方法。

三、活动道具

便利贴3本，记号笔1支，写字笔1支/人，扑克牌1副/组，A4纸1张/人，钢卷尺1个，全开彩色海报纸1张(78.1 cm×108.6 cm)，水彩笔1盒(在彩色海报纸上画“抗挫之树”)，桌子或椅子1张/组(搭扑克牌塔用)。

四、活动设计

活动名称	活动目的	活动时间	备注
精彩回顾	唤起团员对上一次活动内容的回忆，使其有所触动，带着感悟投入到本次团体辅导中。	10分钟	
五脚六脚向前走	创设情境使辅导对象体验挫败感，训练其反应力、身体协调能力，培养其团队合作解决问题的能力。	20分钟	提前布置场地。
齐心协力搭高塔	创设情境使辅导对象体验挫败感，培养其团队协作应对与解决问题的能力。	30分钟	给每组分发1副扑克牌。
挫折经历回顾	引导辅导对象梳理自己退休后的挫折经历，通过小组讨论形成挫折应对的策略与方法。	35分钟	给每组分发笔和便利贴。
抗挫之树我们种	通过仪式感的活动强化辅导对象掌握挫折应对的策略和方法。	10分钟	1. 抗挫之树上墙； 2. 分发歌片。

五、活动方案

（一）热身活动

1．五脚六脚向前走

活动目的：创设情境使辅导对象体验挫败感，训练其反应力、身体协调能力，培养其团队合作解决问题的能力。

活动规则（该活动以小组为单位进行）：

（1）布置场地：规划出每个小组活动的跑道（跑道数与小组组数相同），我们共分了7条跑道，每条跑道的长度为60×10 cm（由10块60 cm×60 cm的地砖组成），每块地砖上面都贴着一张便利贴，便利贴上面用记号笔写着一个数字，数字是4、5或者6，每一横行相邻的两个数字要不同。这项工作要在活动前做完。

（2）分组：每小组三人。

（3）找跑道：每个小组要找到自己小组的跑道，小组成员全体站在跑道的起点处。

（4）五脚六脚向前走：主持人一声令下，各小组同时出发开始比赛，各小组成员要通力合作，看好每一块地砖上的数字，每一个数字就是一个指令，如看到数字4就是小组全体成员共4只脚同时落在地砖内（那势必有两位要单脚落地，一位双脚落地）；数字5就是要5只脚同时落在地砖内；数字6就是6只脚同时落在地砖内，这样，小组三位成员的双脚就要同时落地，要做到同时，就势必得一同跳进去。如果哪个小组违规了，如多了一只脚或少了一只脚、没有按照规定同时落地以及落下的脚“出格了”（超出地砖的界限了），那么这个小组要重新回到起点从头开始。每个小组以一个往返路程没有违规为完成该活动。

注意：为了便于辅导对象熟悉游戏规则，可先让他们练习一下后再正式开始；辅导员要严格监督，有小组出现违规，就毫不留情地让他们回到起点，体验挫败感。因下面还有一个热身活动，所以，本活动不做活动后分享，待第二个热身活动完成后一起分享。

2．齐心协力搭高塔

活动目的：创设情境使辅导对象体验挫败感，培养其团队协作与解决问题的能力。

活动规则（该活动在小组内完成）：

（1）分组：每小组4人，找位置围圈坐好，圈中放1张小桌子或1把椅子。

（2）发牌：给每小组分发1副扑克牌。

(3) 搭塔：每小组组员通力合作，在指定时间内（每轮 10 分钟）用扑克牌搭塔。搭塔过程中允许将扑克牌弯折，但不得折断、剪断及撕开。规定的搭塔时间到，各小组需立即停止搭塔，每组以搭出的塔的高度决定小组成绩。

(4) 测量塔高：由辅导员用钢卷尺测量各小组塔高并记录下来。

(5) 公布成绩：该活动共进行两轮，以两轮中的最好成绩作为各小组的最终成绩，塔最高者为冠军组。

活动后分享：

(1) 你们小组的搭塔过程顺利吗？遭遇过几次倒塌？从头再来的情况呢？出现倒塌时您的心情如何呢？假如您在生活中遭遇了挫败，您的心情会怎么样呢？

(2) 你们小组的搭塔策略是什么？您在小组里承担了什么样的角色（领导者、献策者、跟随者）？

(3) 在“五脚六脚向前走”活动中，你们小组合作得怎么样？有没有出现过被罚回起点，从头再来的情况呢？出现这种情况您的心情如何呢？您的组员们的情绪又如何呢？有没有相互指责和抱怨呢？

(4) 这两个热身活动您的感受是什么？有哪些思考呢？

（二）主要活动：挫折经历回顾

活动目的：引导辅导对象梳理自己退休后的挫折经历，通过小组讨论形成挫折应对的策略与方法。

活动规则（该活动在小组内完成）：

(1) 分组：延续上一个搭塔活动的小组（4 人小组），座位亦不变，辅导员为每位组员发放 1 支写字笔及 1 张 A4 纸。

(2)每位辅导对象将自己有生以来遭遇的所有挫折和打击写出来，写在 A4 纸上（从个人情感、家庭生活、子女问题、工作挫折、身体疾病、退休后生活等方面来写）。

注意：书写过程中播放背景音乐 *I Know Who Holds Tomorrow* 以烘托气氛。

(3)分享挫折经历：首先在小组内分享（每个人都要分享），小组分享结束后，以自愿的方式做全体分享。

注意：主持人要强调保密原则，全体分享时自己觉得是隐私的部分可以忽略，分享自己认为安全的内容。

(4) 小组讨论：在小组内讨论挫折应对的策略及方法，挑选讨论出的好方法写在便利贴上。

注意：主持人要强调各组做好记录，一定要对讨论出来的方法做筛选，筛选出好的挫折应对策略、方法写到便利贴上，为下面的结束活动做准备。

活动后分享：

(1) 您有生以来遭遇的最大的挫折是什么？遭遇挫折后您当时的心理反应是怎样的？您当时是如何应对的？

(2) 现在重新回忆您的挫折经历，对您有什么影响吗？您有哪些反思？

(3) 您现在对挫折的应对方式如何？小组讨论的方法对您有帮助吗？

(4) 做这个活动给您带来了哪些思考？有什么想对大家说的吗？

(三) 结束活动：抗挫之树我们种

活动目的：通过仪式感的活动强化辅导对象掌握挫折应对的策略和方法。

活动规则(该活动为全体活动)：

(1) 各小组将写在便利贴上的挫折应对策略、方法贴到抗挫之树上。

注意：在各小组进行“挫折经历回顾”时，辅导员将事先画好的抗挫之树贴在墙上或黑板上(不能在刚刚活动时就将它贴出来，避免吸引辅导对象的注意)；为了避免秩序混乱，要一个小组一个小组地进行，每个小组完成后就将桌椅整理到活动室旁边，然后每人放松地站在活动室中央。

(2) 齐唱《小松树》。

全体成员自由、放松地站在活动室中央，拿着《小松树》歌片，在主持人的带领下，齐唱《小松树》。

活动十五教学课件

活动十五精彩回顾

六、活动总结

(一) 老年人在热身活动中的表现

本次热身活动有两个：“五脚六脚向前走”和“齐心协力搭高塔”，这两项活动都是体验挫败感、考验团队协作能力的活动。“五脚六脚向前走”活动考验大家的身体协调能力、大脑反应能力及合作能力，这个活动完成起来应该说是有一定难度的。我们给年轻人团体做这个活动(“七脚八脚”向前走)规定是五人一小组，规定站立的区域(占地面积)要小于我们给老年人规定的区域(60 cm×60 cm)，考虑到老年人的协调能力及反应力，我们降低了活动难度，改为三人一组，增加站立面积，"五脚六脚"向前走。

我们的辅导对象不愧是经历过岁月洗礼之人，他们在听完主持人介绍的活动规则后，不是急于行动，而是三人小组先进行"实地考察"，然后商议活动策略，能者（头脑、腿脚灵活者）多担当，年岁大、反应慢些的听指挥，跟着做。开始做时，他们会出现犯规（多脚或没有同时落脚）被罚回起点的情况，但是，他们并不焦虑，试错几次后就找到了技巧，顺利走完了全程。这其中有两个小组完成该活动还是有困难，他们不断被罚回起点，这时候有完成任务的小组成员就来向他们分享经验，在大家的帮助下，这两个小组终于完成了任务。这个活动明显反映出年岁大者（80岁）的反应力、理解力是比较吃力的。

辅导对象在商量策略

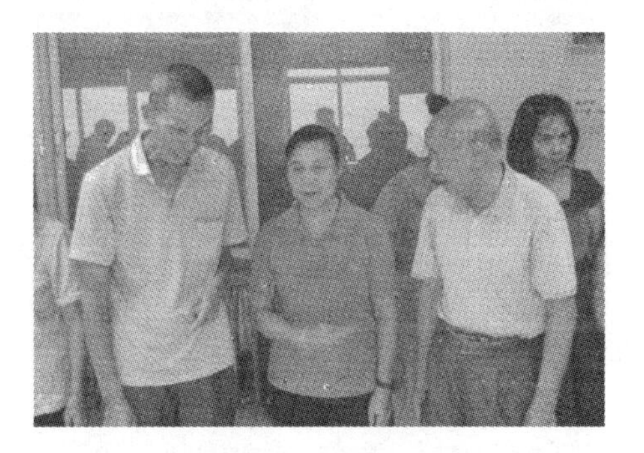

辅导对象信心满满

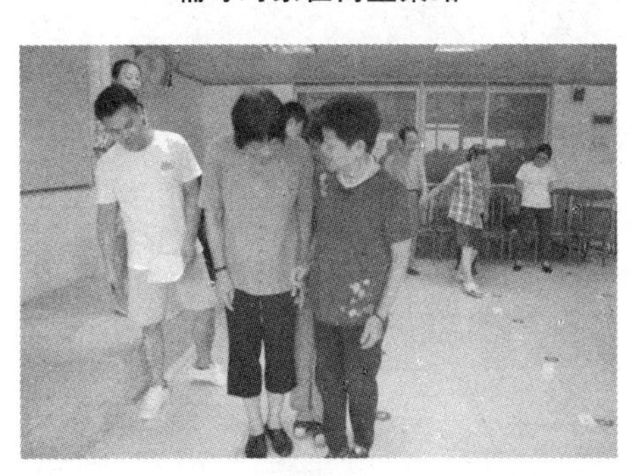

小心翼翼前进

比赛接近成功

"齐心协力搭高塔"是一项锻炼团队成员合作能力和动手能力的活动，各小组在活动过程中可能会遇到搭的"塔"不慎倒塌或者与其他小组比较，觉得自己小组做得不够好而产生挫败感。我们有意把活动安排两轮，给各小组一轮总结经验的机会。

活动中我们发现各小组搭"塔"的方法基本一致，对扑克牌的折叠方法、"堆砌"的方式都比较一致。第一轮搭"塔"时间到时，我们看到冠军组的高度明显高于其他小组。有一个小组，他们不追求高度，而是注重美观及牢固，因此也得到了大家的称赞。第二轮下来，各小组搭"塔"的高度差别就不大了，观察、交流、学习、总结经验这些方法在他们身上已经培养起来。

“齐心协力搭高塔”活动激发起了一个小组成员的斗志，该小组两轮的成绩都是中等水平，他们不甘心于这个成绩，在后面的主要活动中居然还在一次次地搭“塔”，不满意了又推倒重来，终于搭出了比冠军组还要高的“塔”出来，他们才长舒一口气，露出了胜利的笑容。当然，这次活动我们也有失误的地方，活动结束后没有立即把扑克牌收起来，以至于影响了主要活动的效果。

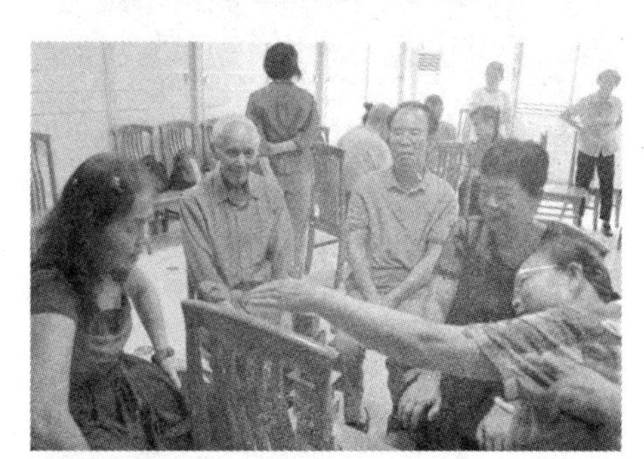
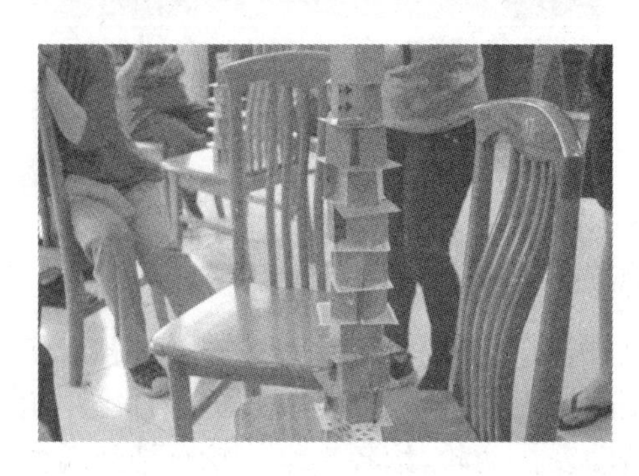

辅导对象搭建“高塔”

在热身活动结束后的分享环节，当问到他们被罚到起点及“塔”的倒塌是否引起了挫败感时，相当一部分辅导对象的回答是没有什么挫败感，失败了就总结经验教训从头再来。当问到：“假如这不是游戏，而是生活中遭遇了挫折，您会怎么样呢？也会这么淡定吗？”他们的回答是：“都是一样的啊！跌倒了就爬起来嘛！”这也许就是老年人曾经沧海后的人生哲学吧。

“心中要有奋斗目标。”

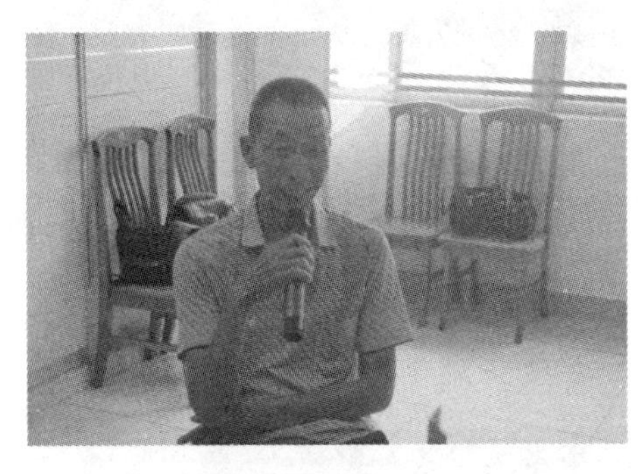

“不经风雨怎会见彩虹。”

“我们是分工合作的。”

“我们组更追求美观。”

（二）老年人在主要活动中的表现

在主要活动“挫折经历回顾”中，我们设置讨论的第一个问题是：“您有生以来遭遇过的挫折和打击有哪些？”辅导对象们提到最多的是关于身体疾病方面、家庭方面和子女的问题方面。关于挫折的应对方式，大多数辅导对象采用的是成熟的应对方式。他们认为面对挫败最重要的是良好的心态，有一个良好的、积极的心态以及战胜挫折的信心是他们提到的高频词。有一位辅导对象分享了她腿部受伤的经历：当时别人都认为她很难恢复正常行走了，但是她谨遵医嘱坚持治疗和每天忍痛坚持做康复训练，虽然现在做剧烈运动还是有些困难，但是日常行走已经不成问题了。她发自肺腑地说：“面对挫折要学会接纳，这都是生命中的一部分。”

我们发现，老年人面对挫折的心态远比年轻人要乐观豁达。这也许是生活的历练带给他们的智慧，让他们面对挫折时能更加从容淡定。

辅导对象在认真聆听

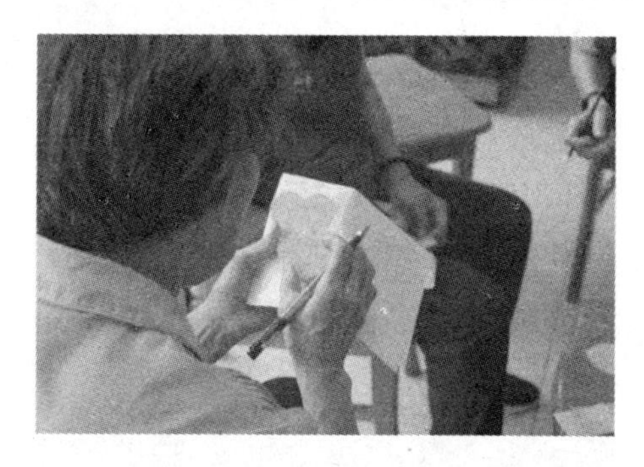

辅导对象写下面对挫败的智慧

“施比受幸福。”

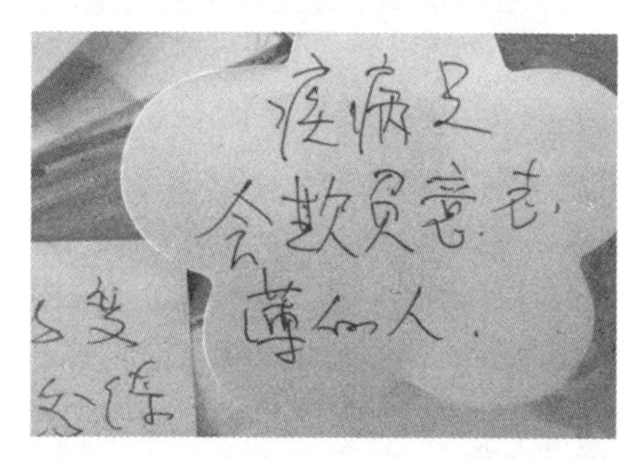

“疾病只会欺负意志薄弱的人。”

“树立信心，屡败屡战，直到胜利。”

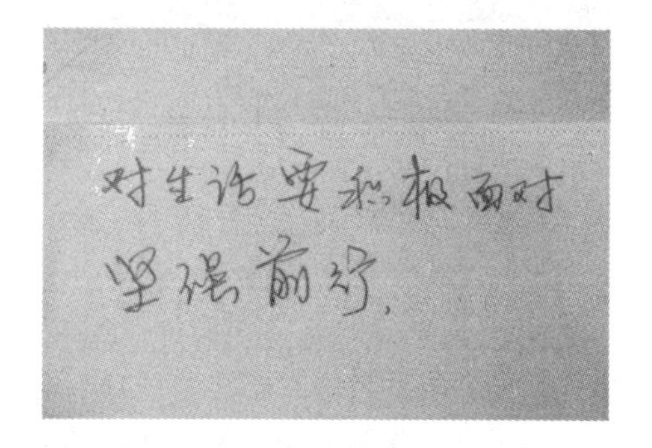

“对生活要积极面对，坚强前行。”

（三）老年人在结束活动中的表现

本次的结束活动分两个部分，第一部分是让辅导对象把在主要活动中写在便利贴上的“抗挫锦囊妙计”亲自粘贴到抗挫之树上，第二部分则是面对自己亲自种下的抗挫之树一起合唱《小松树》。这两个活动都充满着仪式感，当大家看到抗挫之树上结满的丰硕“果实”时，庄严和喜悦是写在脸上的。

儿歌《小松树》是创作于20世纪60年代的歌曲，这首歌能够唤起辅导对象童年的记忆。当他们一听到这首歌的前奏时，身体就不由自主、快乐地摆动起来了，一听到伴奏，就大声地唱了起来。在完成了热身活动及主要活动的挑战后，轻松自在地回归到生活中，平静地度过每一天才是大家所愿。

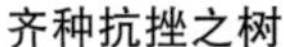

齐种抗挫之树

“发挥余热，开心快乐度人生。”

合唱《小松树》

七、辅导后反思

本次团体辅导涉及挫折的话题，相对来说是比较沉重的。但是，从实际进行的情况来看，老人们对待挫折的反应，并没有像我们预想的那样脆弱，也没有谈到伤心处会痛哭流涕，我们准备的纸巾也根本没有用上。虽然是这样，我们在团体辅导后总结讨论中大家一致认为，对于老年人，挫折主题的团体辅导还是需要的，“失败乃成功之母”，总结挫折、讨论挫折、应对挫折最重要的目的是为了预防挫折。

本次活动我们有两点失误：一是在“齐心协力搭高塔”活动结束后，我们没有马上将各小组的扑克牌收回，以至其中一个小组在主要活动中还在余兴未减地搭塔，影响了该小组主要活动的讨论深度。改进的办法很简单，活动后要立即将扑克牌收回。二是在时间把控方面出现严重超时现象（不论是热身运动还是主要活动），改进的办法就是减少一个热身活动或者主持人在活动中间进行两次剩余时间提醒。

活动十六　让生如花绚烂——死亡教育主题

一、活动理念

在我国的传统文化里，“死亡”是一个很忌讳谈及的话题，如孔子说“未知生，焉知死”“敬鬼神而远之”。道家思想更是追求“长生不老”。儒家、道家对死亡的看法，已经成了我们中国人的集体意识。在我们前十几次的团体辅导中，有两次都侧面涉及了死亡的话题，我们的辅导对象的表现也印证了儒家、道家的死亡观，如在第十二次的神话心理剧演出中他们喊出：“我们老当益壮，我们要再活一百年。”系统的死亡教育在我国几乎是一块尚未开发的领地。

德国哲学家海德格尔提出“向死而生”这个重大的死亡哲学概念，其深刻含义是让人们站在哲学理性思维的高度，用重死的概念来激发我们内在“生”的欲望，以此激发人们内在的生命活力。正所谓我们中国人说的“置之死地而后生”。

死亡教育不仅让人们懂得如何活得健康、活得有价值、活得无痛苦，而且还要死得有尊严。它既强化了人们的权利意识，又有利于促进医学科学的发展，通过死亡教育，使人们认识到死亡是不可抗拒的自然规律。

老年人退休后，随着工作的失去、生理机能的减退和社会关系的变化，均使得他们承受着沉重的心理负担，很多老年人感受不到生活的意义。死亡教育让他们学会自我心理调适，重新认识生命的意义，从容地面对死亡。

在本次的热身活动“一元五角”中，我们将通过创设情境，让辅导对象体验“丧失感”，主要活动是“生死抉择”，我们将通过对古今中外不同死亡观的讲解引导辅导对象直面死亡，勇敢地、以平常心态去谈论死亡；通过对“生前预嘱”的介绍，唤起辅导对象去思考、理性地提前安排自己的“生前预嘱”；通过对墓志铭的撰写，激励辅导对象更积极地看待死亡，从而达到“向死而生”的境界。

二、活动目标

(1) 通过讲解从古至今人们不同的死亡观,引导辅导对象直面自己的死亡观。
(2) 通过生前预嘱的介绍,引导辅导对象思考"优死"问题。
(3) 通过对墓志铭的撰写,激励辅导对象以平常心应对死亡。

三、活动道具

写着"一元"的粉色卡纸(百元纸钞大小)2 张/人,写着"五角"的绿色卡纸(百元纸钞大小)4 张/人,A4 纸 1 张/人,水彩笔 2 盒,写字笔 1 支/人。

四、活动设计

活动名称	活动目的	活动时间	备注
精彩回顾	唤起辅导对象对上一次活动内容的回忆,使其有所触动,带着感悟投入到本次团体辅导中。	5 分钟	
一元五角	创设情境使辅导对象体验"丧失感",训练其注意力、反应能力以及创造性解决问题的能力。	20 分钟	
生死抉择	通过讲解从古至今人们不同的死亡观,引导辅导对象直面自己的死亡观;通过生前预嘱的介绍,引导辅导对象思考"优死"问题;通过撰写墓志铭,激励辅导对象以平常心应对死亡。	100 分钟	将卡纸、A4 纸、水彩笔、写字笔派发给每个人。
泰戈尔诗词赏析——《生如夏花》	通过紧扣主题的仪式感朗诵,强化辅导对象对生命意义的积极认识。	5 分钟	

五、活动方案

（一）热身活动：一元五角

活动目的：创设情境使辅导对象体验“丧失感”，训练其注意力、反应能力以及创造性解决问题的能力。

活动规则（该活动为全体活动）：

（1）分发“纸钞”：全体辅导对象围成一个封闭式的大圈，辅导员随机分发给每位辅导对象一张事先准备好的“纸钞”，拿到“一元”纸钞者代表其身价为一元，拿到“五角”纸钞者代表其身价为五角。

（2）初级版“一元五角”游戏：当发令人喊出一个金额，比如“三元”的时候，每位辅导对象都要迅速动起来，去找同伴组成“三元”的队伍，如果某个队伍里所有人的金额加起来不足三元或者多于三元，则该队伍挑战失败，刚好三元的队伍则挑战成功。游戏可进行5～6轮，每轮发令人会变换不同的金额为口令，每轮都要求辅导对象迅速反应，发令人口令一下就要迅速完成，反应慢者也算挑战失败。挑战失败者要接受“惩罚”——表演节目。

注意：主持人介绍完游戏规则后，辅导员要做示范。活动中发令人可自愿、随机产生，每轮发令人不能为同一人。

（3）升级版“一元五角”游戏：初级版的“一元五角”游戏结束后，游戏规则升级。辅导员再给每位辅导对象随机派发2～3张“纸钞”（“纸钞”面额不等，或“一元”或“五角”），游戏规则在原来的基础上改变为每一轮活动每位辅导对象可以用策略与计谋决定自己出示“纸钞”的张数，其他规则同上。游戏进行7～8轮结束。

活动后分享：

（1）当您发现自己落单了或者被同伴抛弃了，是怎样的心情？有丧失感吗？

（2）游戏中您落单了几次？是什么原因造成的落单呢？

（3）在游戏中，您为什么会宁可“牺牲”自己（落单），也要成全他人？在现实生活中您也是一个甘愿奉献之人吗？

（4）有没有人每次都挑战成功呢？您是怎样做到的呢？

（二）主要活动：生死抉择

活动目的：

（1）通过讲解从古至今人们不同的死亡观，引导辅导对象直面自己的死亡观。

(2) 通过生前预嘱的介绍,引导辅导对象思考“优死”问题。

(3) 通过撰写墓志铭,激励辅导对象以平常心应对死亡。

活动规则(该活动为全体活动):

(1) 全体成员(包括辅导教师)围成一个封闭的大圈坐下,主持人将通过不同角度(如中国古代神话故事、人类智慧学等)来简单介绍死亡问题。

(2) 全体成员逐一分享自己对死亡的态度和看法,主持人根据成员的回答简单概括其核心观点予以反馈,强调重点。

(3) 主持人向成员介绍生前预嘱的含义以及生前预嘱——《我的五个愿望》的内容,引导成员去思考自己是否还有未完成事件。

(4) 主持人邀请成员们撰写自己的墓志铭,墓志铭写完后可在大组内进行分享(遵循自愿原则)。

注意:墓志铭撰写过程中播放久石让的 *The Rain* 作为背景音乐。

(三) 结束活动:泰戈尔诗歌赏析——《生如夏花》

活动目的:通过紧扣主题的仪式感朗诵,强化辅导对象对生命意义的积极认识。

活动规则:全体起立,观看视频版《生如夏花》,并试着跟诵。

生如夏花

泰戈尔

1

我听见回声,来自山谷和心间。
以寂寞的镰刀收割空旷的灵魂,
不断地重复决绝,又重复幸福,
终有绿洲摇曳在沙漠
我相信自己,
生来如同璀璨的夏日之花,不凋不败,妖冶如火,
承受心跳的负荷和呼吸的累赘,乐此不疲。

2

我听见音乐,来自月光和胴体,
辅极端的诱饵捕获飘渺的唯美,一生充盈着激烈,又充盈着纯然,
总有回忆贯穿于世间,
我相信自己,死时如同静美的秋日落叶,
不盛不乱,姿态如烟,
即便枯萎也保留丰肌清骨的傲然,
玄之又玄。

3

我听见爱情，我相信爱情，
爱情是一潭挣扎的蓝藻，
如同一阵凄微的风，穿过我失血的静脉，
驻守岁月的信念。

4

我相信一切能够听见，
甚至预见离散，遇见另一个自己，
而有些瞬间无法把握，任凭东走西顾，逝去的必然不返，
请看我头置簪花，一路走来一路盛开，
频频遗漏一些，又深陷风霜雨雪的感动。

5

般若波罗蜜，一声一声，
生如夏花之绚烂，死如秋叶之静美，
还在乎拥有什么？

活动十六教学课件

活动十六精彩回顾

六、活动总结

（一）老年人在热身活动中的表现

本次热身活动为“一元五角”，我们设置这个活动的目的一方面是热身，一如既往地训练辅导对象的注意力和反应力，另一方面是配合主题内容，创设情境使辅导对象体验“丧失感”，但是，活动的过程出乎我们的意料，整个活动充满了欢乐祥和的气氛。

当主持人介绍完游戏规则，辅导员们做出示范后，大部分辅导对象即刻兴奋起来了，发令人随即产生，而且发出的指令一个比一个高明、有策略。例如，他们会根据自身拿到“纸币”金额的大小来下指令，在进行“初级版”玩法中，每人只有1张“纸币”，拿到“五角”的一位发令人居然下令“五角”，这样使得拿到“一元”的所有成

员被“惩罚”；另有一位发令人喊出了“八元”的大数额，这样造成了成员的“大挪移”组团，场面好不热闹！在进行“升级版”游戏中，每人手里有几张“纸币”，他们玩出的花样更是新颖，有看着附近成员手举的纸币金额发令并迅速拉人完成挑战的，还有自己组缺钱不能成团向别人借钱的，这位还开心地说：“我们应该让钱发挥应有的作用。”也有富于牺牲精神，主动成全别人，自己落单的，他们即使落单了，也毫无丧失感、被抛弃感，主动表演节目接受“惩罚”，完全沉浸在游戏的快乐之中。

在分享环节他们谈到这个游戏的感想是：要欣赏别人的智慧，从别人身上汲取成功的经验，要灵活应变……当谈到“落单”“被同伴抛弃”的感受时，他们脸上的表现是“云淡风轻”，这一点与青年人有很大的反差。我们给青年人团体做“一元五角”的游戏时，那些“落单”者的情绪反应（失落甚至是哭泣流泪）是常常会见到的，他们会自责，也会指责抱怨他人。看来，老年人团体更善于去接受现实，总结经验教训。

在接下来的“死亡”话题讨论中，但愿他们也能坦然面对。

发令“三元五角”

挑战成功团队

发令“四元五角”

辅导对象接受游戏“惩罚”

（二）老年人在主要活动中的表现

本次的主要活动有三部分：对死亡的态度或看法、对生前预嘱的看法及撰写自己的墓志铭。

有学者研究表明，相当一部分老年人比较抗拒或者忌讳谈及“死亡”这个话题，但是当主持人介绍完古今中外的死亡观，让大家分享自己的死亡观的时候，辅导对象们并没有抗拒情绪（也许主持人的讲解起到了一定的思想教育作用），他们对于死亡的态度大多是坦然接受，他们普遍认为死亡是自然规律，用平和的心态对待就可以了。他们的表现，似乎与学者的研究不完全一致，分析其可能的原因有：

（1）文化程度。国内外学者一致认为，文化程度与个体的死亡态度呈正向的相关关系，我们的辅导对象大多学历较高，能从多个层面看待问题。

（2）对生活经历的满意度。根据埃里克森人格发展八阶段理论，当个体进入人生的最后一个阶段（成年晚期），如果他（她）对自己的一生比较满意，就会获得一种完善感，这种完善感可以帮助老年个体坦然接受死亡。从后面的撰写墓志铭活动中，我们可以看出，大部分辅导对象对自己过去的生活还是比较满意的，因而他们对待死亡不会过于恐惧。

（3）死亡问题的接触情况。已有研究表明，家庭中越能公开谈论死亡的老年人，其对死亡持接受态度的比率越高，即接触越多，越能接受死亡这一话题。我们的辅导对象，他们大多经历过长辈、同事等身边人的离开或者自己曾经大病一场的情况，因而能够客观看待死亡问题。

（4）其他因素。十六次表达性艺术团体心理辅导给他们带来了愉悦感，这种愉悦感有助于他们减少其负性情绪，转化自己的观念，坦然接受死亡。

“正如‘视死如归’，像回家了一样，到时间就自然回去了，你从哪里来就回哪里去。”

“我觉得该来就来，该走就走。”

“归死的时候，社会提倡怎么葬就怎么葬，这没什么好忧愁的，”

“我们见过太多的死亡了！在医院里，觉得没什么可怕的，就像睡着了一样，这是自然规律。有的是百年归老，老死；有的是病死；有的是意外的车祸。反正就觉得是这么一回事，所以我们要好好活着，珍惜当下，过好每一天。”

“我觉得人有生有死，这是自然规律，谁也不能违反，即使是伟大人物也有一死，所以我把死看得很轻，就很豁达。我们兄妹四人约好了，死了以后把骨灰撒入西江河。”

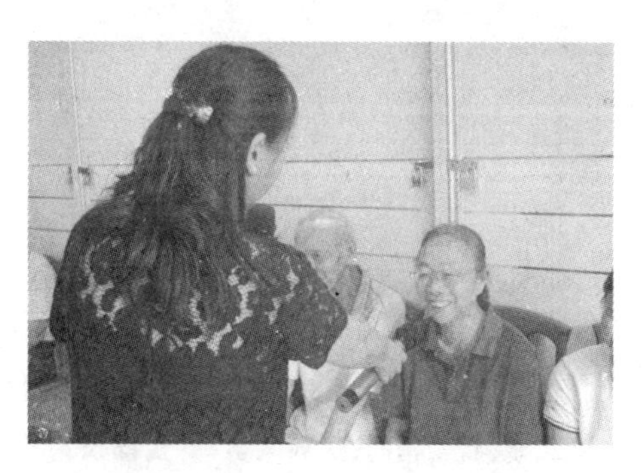

“一个人走了以后呢，就是结束，这是自然规律，谁也逃不了，所以我觉得理所应当。(主持人问：有没有恐惧死亡？)应该没有，这是自然的事，应该顺应自然。”

“死亡是自然规律，看你怎么对待，人固有一死，也不是你能控制的，但是在对待最后一别时，我觉得还是要相信科学。”

“我觉得吧，就好像走路，无论你走了多长的路，都有尽头。走尽了，就结束了，这是自然规律，不可抗拒，所以应该用平和的心态对待死亡。”

“我小时候是很恐惧死亡的，因为闽南人死的时候，葬礼是很隆重的，所以小时候听到哀乐，看到棺材、送葬队伍等，我都很害怕，会赶快躲起来。现在经历了很多，也经历过身边的朋友、同事、长辈的离开，慢慢地，我也觉得没那么恐惧了。”

“关于生死观，我的认识有一个过程。小时候生长在农村，听别人讲阴间、阳间的故事，觉得死是一件很可怕的事情。后来读了几年书，在社会上慢慢增长了自己的见识，认识到生死是一个过程。”

在“生前预嘱”活动中，我们希望能引导辅导对象去提前思考自己临终前的生命质量，去思考假如自己在生命的晚期没有行动能力、不能自主做决定来安排自己的医疗救治事宜时提前做出生前预嘱，通过司法公证，届时可由委托人帮助执行。辅导对象对这个活动的学习热情空前高涨。生前预嘱包括“我的五个愿望”：第一，我要或不要什么医疗服务；第二，我希望使用或不使用生命支持治疗；第三，我希望别人怎样对待我；第四，我想让我的家人和朋友知道什么；第五，我希望谁帮助我。每一个愿望里面都有十余条具体的事项，要求立生前预嘱的人做出“要”与“不要”的选择。

我们明显地看出，在我们辅导之前，他们连生前预嘱这个词都没有听说过，在后面的分享环节，大家都表示生前预嘱内容介绍非常必要。

“我不要任何增加痛苦的治疗和检查。”

“当我的生命已毫无质量，我希望不使用生命支持治疗。”

“我在由我选定的能帮助我的人的见证下签署这份生前预嘱。”

墓志铭一般是古代人死后，由亲戚、朋友、同窗等人根据此人情况所写，多为叙事赞扬之词，而“自为墓志铭”是指在生前由自己撰写墓志铭，以便死后使用，多为自嘲之言。

这个活动的气氛相对其他活动较为沉重，从大家脸上的表情来看，严肃中含有神圣感。从分享的情况来看，多数人的墓志铭是自己对过去生活状态的一个感悟。他们普遍认为自己的一生比较朴实、勤奋，虽然没有什么大成就，但是对自己过去的生活还是比较满意的。

“生老病死，自然规律，生前豁达，死亦淡然。”

“一生勤奋，虽无大成，却问心无愧。以自之力，养己之生，扶老携幼，终其一生。望勤勉精神代代相传。”

“人生如梦，梦如人生。自小乖巧，学习勤奋。虽无大成，亦饮食无忧。孝顺父母，爱心传递，一生问心无愧。”

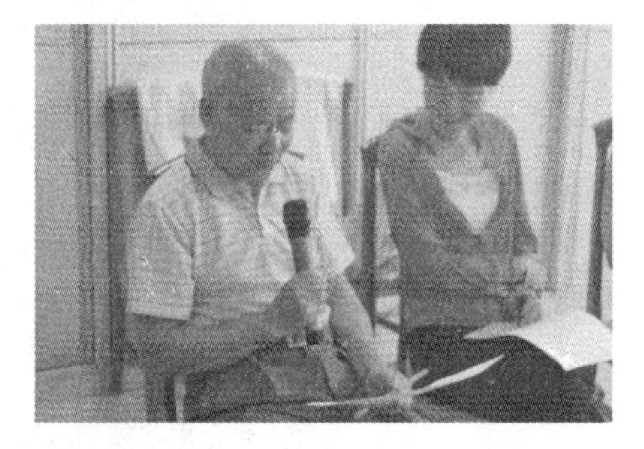

“这里面躺着一个普普通通的人，他没有什么惊天动地的事，但是却是一个老老实实、乐于助人、知足常乐、无害社会、对人类有那么一点点用处的人。”

“人是地球的过客，有的人住一晚上就走了，有的人会住几十年甚至一百多年。人生无常，住多长时间不是你能决定的，所以，大家要活在当下。”

（三）老年人在结束活动中的表现

本次的结束活动是朗诵泰戈尔的诗——《生如夏花》，在诗歌朗诵的过程中，大家十分投入，也许是丰富的人生阅历能够让他们更好地理解泰戈尔这首诗所蕴含的深意。所以，他们在朗诵时，感情表达得比较充分，给人一种身历其境的感觉。选择这首诗的原因，一是与主题紧密贴合，二是希望通过这首诗引起大家内心的共鸣。“生如夏花”指的是夏花在阳光灿烂的夏季绽放，用以暗示中青年时期生命的辉煌灿烂；而“死如秋叶”并不是一种消极厌世的生活态度，而是希望人们在面对人生不如意或者死亡时，都能坦然接受。我们希望通过泰戈尔的这首诗，启发辅导对象意识到自己的生命有过“夏花般灿烂之时”，尽管现在已到人生的“秋季”，但是，当我们面对生活中的不如意或者是将来的死亡时，也要像秋叶般坦然地接受所有的结局。

“生如夏花之绚烂，死如秋叶之静美。”

“我相信一切能够听见，甚至预见离散，遇见另一个自己。”

七、辅导后反思

本次活动完成得还是比较圆满的。虽然热身活动没有按照我们预想的目标，让辅导对象体验丧失感，但是，从他们发自内心的欢乐和从容中不是也反映出老年群体独特的人生解读吗？从心理动力学的角度分析，他们也许真是笑看生死的。

本次的主要活动内容较多，用了100分钟，但是时间还是远远不够。对于生前预嘱，辅导对象非常感兴趣，在团体辅导后总结会上，我们辅导团队人员都觉得应该把生前预嘱作为一个专题来开展活动。

活动十七　让“后 50”更精彩
——老化态度主题

一、活动理念

日本学者大前研一在《后五十岁的选择》中提出“后 50”的概念，是指 20 世纪 50 年代出生的人，也是一种对老年人的说法，也有将老年人说成“乐龄”的，这样的说法本身就带着积极、乐观的老化态度。关于老化态度，我们在活动十三做过概念化的讨论，通过游戏、绘画及怀旧的方法将辅导对象压抑在潜意识层面的活力与激情调动起来，释放出来，以一种积极向上的状态来面对老化。本次活动我们又谈到老化态度，我们将带领辅导对象围绕着莱德劳等(2007)的老化态度问卷(共 26 题)展开全面深入的讨论。本次活动我们将引导辅导对象直面老化问题，通过创设情境“超级口香糖”游戏使辅导对象体验变化、体验丧失，做出适应及应变；通过“您如何看‘老’?”专题讨论，让辅导对象去思考、分析、了解自己的老化态度，通过聆听成员们的老化观念、老化态度，启发辅导对象不批评、不指责地去接纳、包容、欣赏他人的思想观点，从而达到学习和成长的目标；通过朗诵《变老的时候》，激发辅导对象接受变老、积极赋意变老、优雅地变老。

本次活动是课程结束前的一次活动，辅导对象经过前十六次的活动，已经与我们辅导团队的老师及辅导员建立起了深厚的感情，辅导对象之间也建立起了信任、依恋、默契、合作甚至心心相印的情感，我们的团体辅导活动结束，他们必然会分离，面对即将到来的分离，我们要提前预防分离焦虑。为此，我们把每位辅导对象在前十六次活动中的精彩画面编辑成集，做成小视频播放给他们欣赏，让他们意识到分离即将到来，而他们在团体辅导活动中结下的硕果将陪伴着他们未来的生活。

二、活动目标

(1) 促进辅导对象对老化形成一个正确、积极的认知，提高他们在社会生活中的获得感，进而影响他们晚年的生活质量。

(2) 播放小视频带领辅导对象对前十六次团体辅导进行回忆及梳理，处理分离焦虑。

三、活动道具

诗词《变老的时候》文字版 1 份/人，《老化态度问卷》1 份/人，《十七次团体辅导活动简表》1 份/人。

四、活动设计

活动名称	活动目的	活动时间	备注
精彩回顾	唤起辅导对象对上一次活动内容的回忆，使其有所触动，带着感悟投入到本次团体辅导中。	5 分钟	
超级口香糖	创设情境使辅导对象体验丧失感，训练其注意力、应变能力，积极应对变化。	20 分钟	
您如何看“老”？	促进辅导对象对老化形成一个正确、积极的认知，提高他们在社会生活中的获得感，进而影响他们晚年的生活质量。	60 分钟	派发《老化态度问卷》。
十六次活动集锦	播放小视频带领辅导对象对前十六次团体辅导进行回忆及梳理，处理分离焦虑。	20 分钟	派发十七次团体辅导活动简表。
诗歌朗诵——《变老的时候》	通过紧扣主题的仪式感朗诵，强化辅导对象对老化态度的积极认知。	5 分钟	

五、活动方案

（一）热身活动：超级口香糖

活动目的：创设情境使辅导对象体验丧失感，训练其注意力、应变能力，积极应对变化。

活动规则（该活动为全员活动）：

（1）全体成员围成一个大圈（圈尽量大，围出一个宽阔的活动空间）。

（2）发令人发出指令，首先喊出："超级口香糖。"随后大家呼应："粘什么？"接下来发令人要迅速下达一个让成员们身体某部位能够粘在一起的指令。如："三人粘，粘左手。"此时所有成员要按照发令人的指令迅速做出反应，当恰好三个人的左手粘在了一起就算成功，落单者及人数不对或者粘在一起的部位与指令不相符者都算失败，要接受大家给出的"惩罚"。

注意：发令人是随机产生的，完成一个指令后，就要换发令人发出新的指令，要与上一个指令有不同的人数且粘不同的部位，规定时间到，游戏即结束。

活动后分享：

（1）您觉得"超级口香糖"游戏好玩吗？您有没有出来表演节目呢（意喻被"惩罚"）？

（2）您对这个游戏的感受是什么？您有哪些思考呢？

（二）主要活动：您如何看"老"？

活动目的：促进辅导对象对老化形成一个正确、积极的认知，提高他们在社会生活中的获得感，进而影响他们晚年的生活质量。

活动规则（该活动为全员活动）：

（1）全体成员围坐成一个封闭的大圈，辅导员向每位辅导对象派发一份《老化态度问卷》。

（2）主持人简单讲解《后五十岁的选择》这本书中的一些观点，引导辅导对象结合《老化态度问卷》的内容思考自己对老化态度的观点及看法。

（3）全体成员逐一分享自己的老化态度。

活动后分享：

（1）现阶段您喜欢做的事情有哪些？

（2）您有未完成的事情或者未了的心愿吗？

(3) 您觉得现在的您在社会或者家里扮演的是一个怎样的角色呢?

(4) 对于自己“后50”的人生,您是怎样安排的呢?

(三) 结束活动

1. 十六次活动集锦

活动目的:播放小视频带领辅导对象对前十六次团体辅导进行回忆及梳理,处理分离时的焦虑。

活动规则:把每位辅导对象各自在十六次团体辅导中的精彩照片制作成幻灯片,配上背景音乐《变老的时候》,播放给辅导对象观看。

2. 诗歌朗诵《变老的时候》

活动目的:通过紧扣主题的仪式感朗诵,强化辅导对象对老化态度的积极认知。

活动规则:全员站立在活动室中间(尽量站出队形),每人手持《变老的时候》诗歌,饱含感情地大声诵读。

注意:此处要配背景音乐《下雨的时候》(张毅)。

变老的时候

李琦

变老的时候,一定要变好,
要变到所能达到的最好。
犹如瓜果成熟、焰火腾空,
舒缓地释放出最后的优美,
最后的香和爱意,
最后的,竭尽全力。
变老的时候,需要平静,
犹如江河入海,犹如老树腰身苍劲,
回望来路,一切已是心平气和,
一切已选择完毕,再无长吁短叹,双手摊开,
左手经验丛生,右手教训纵横。
变老的时候,犹如名角谢幕,
身子谦和,自信在心,
眼角眉梢,深藏着历练后的从容。
幕帷垂落,丝竹声远,
一切已是过眼云烟,
只有尊严的光芒,闪耀在幕后时分。
变老的时候,是起身返回儿童,

未必鹤发童颜，却趋向坦率而纯真。
我们在变老，而世界仍年轻貌美，
一切都是循环往复，婴儿在啼哭，
而那收留过我们笑容和泪水的人间，
又一场轮回正在声色里进行。

活动十七教学课件

活动十七精彩回顾

六、活动总结

（一）老年人在热身活动中的表现

在前面的团体辅导活动中，团员们玩过比“超级口香糖”更难的游戏，所以这一次的热身游戏对于他们来说难度不算太大，主要还是考验他们的反应速度。大部分团员都能在听到指令的第一时间组成正确的队伍，只有少部分反应稍慢的团员落单了，不过与他们在团体辅导初期的反应速度相比，他们现在的反应速度明显快了很多，这说明十几次的团体辅导活动的反应力训练还是有一定成效的。除此之外，我们还发现了团员们彼此之间的关系也变得十分亲密，因为在整个游戏过程中，都有肢体接触。通过这个游戏，我们再一次看到了团员们的灵活变通能力以及不服输的精神，因为在游戏时，有两名团员只要是三人及以上的组队，他们大部分情况下都会落单，然而在又一次的三人组队时，面对只有他们两个人的情况下，他们把负责摄影的同学拉进了他们的队伍，成功组成了三人队伍，避免了惩罚。

“三人粘，粘屁股。”

“三人粘，粘左膝盖。”

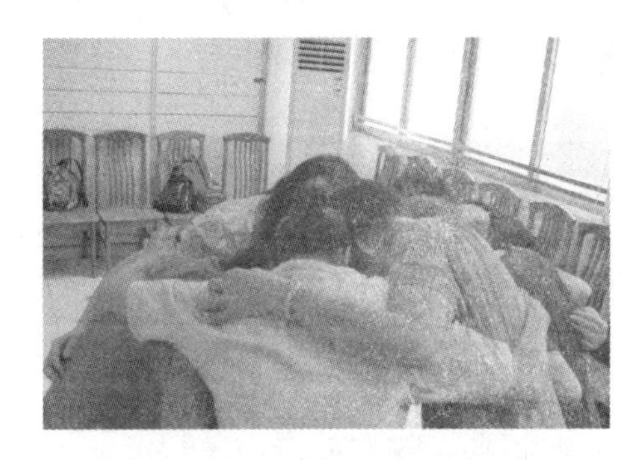

“七人粘，粘头。”

“四人粘，粘右手。”

“三人粘，粘左膝盖。”

落单的二人在接受“惩罚”

（二）老年人在主要活动中的表现

研究表明老化态度影响老年人的生理功能、心理状态和行为方式。积极的老化态度对老年人产生正向的影响。因此，本次团体辅导的主要活动是从“老”的好处来引导辅导对象正面看待“老”这个话题的。

如何看待老，是每位老年人都应该思考的问题，从本活动辅导对象的分享来看,大体可以把他们对老化的看法归纳为以下几点:(1) 大部分辅导对象觉得再也没有工作压力了,时间自由,可以去完成年轻时想干却没有干的事了。比如,看自己一直想看却没有时间看的书和电影、出去旅游、去老年大学上课充实自己等。(2) 有辅导对象认为自己在体力上服老,但是在心理上不服老,虽然自己学习能力没有年轻人厉害,但是也能跟上时代发展的潮流,如网上购票、微信聊天、手机支付等功能,自己也可以很熟练地操作。(3) 有辅导对象认为自己比年轻人有更多的生活经验,社会上也还有发挥自己作用的地方,所以自己还没老。(4) 有辅导对象认为自己就算老去,也要优雅地老去。做自己想做的事,做自己能做的事,不要太计较得与失,放宽心态,让自己活得愉快一点。

本活动因每位辅导对象都要分享,所以用时较长。但他们没有表现出焦虑的情绪,态度是积极的。总体而言,他们能够正面地看待老化问题。

辅导对象探讨各自对老化的看法

G女士:“年纪大了,好像已经完成了养小孩、工作这些任务了,感觉轻松了。”

Q女士:“现在我可以今年学点经络,明年学点画画,后年学点地理,想旅游就出去旅游。”

W女士:“以前50岁就是老年人了,还驼着背,走路慢吞吞的,现在自己70岁了,走路还快如风。”

W女士:“现在老年人的幸福感比以前好很多了。”

P女士:“我很享受现在的生活,可以来老年大学学点我以前想学却没有时间学的东西。”

H女士:“老就有一个优势,你可以去弥补你的不足,或者去学你想学的东西。”

G女士:“我觉得我们老年人不要放弃,不要觉得老了就不用学别的东西了。”

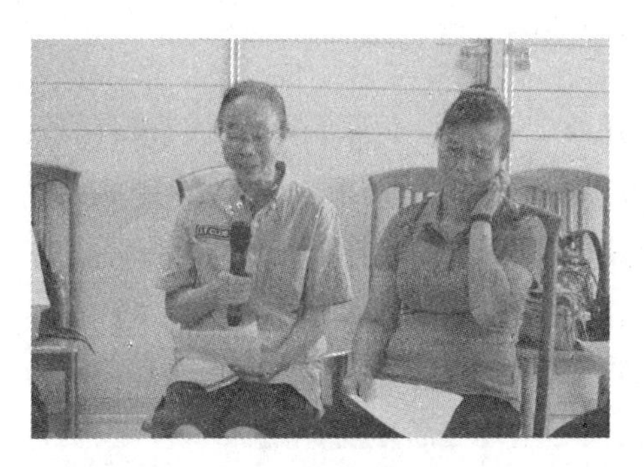

L女士:“要把自己的精神境界提高一点,我们心理上不服老,但是体力上还是要遵循自然规律的。”

“我觉得老了以后,要让自己的心情愉快一点,不要有那么多负担。”

X 女士:“虽然我们不在工作岗位上了,但是我们还有用武之地。”

Y 先生:“老了就是年纪老了,但是我们活着的心态不能老。”

L 先生:“我们年纪大了,要优雅地老去,要老得有韵味。”

(三) 老年人在结束活动中的表现

“十六次活动集锦”是把每位辅导对象在前十六次团体辅导活动中的精彩表现照片编辑成册,并按照一定的顺序编辑成小视频(配有背景音乐及文字)播放给辅导对象观看的过程。其目的是带领辅导对象回忆自己在前十六次团体辅导活动中的表现,同时也在提醒大家做好团体辅导活动即将结束大家即将分离的心理准备。在照片集播放的过程中,大家表现出强烈的观看兴趣。团体辅导中虽然不是每位辅导对象都想刻意地表现自己,但是他们在内心里还是希望得到别人的肯定、赞赏与关注的。而这个活动恰好给了每位辅导对象一种自己被在意、被重视的感觉,因此在播放到他们自己的照片集时,他(她)的注意力就更为集中,他们都表现出愉悦的情绪。在播放到某些照片时,大家还会大笑起来,如在播放到四季桌以及神话心理剧中表演情景的相关照片时,大家会哈哈大笑或者与身边的伙伴交谈当时的情景。我们前十六次团体辅导活动给辅导对象带来的回忆都很美好,他们的反馈也是对我们团体辅导效果的肯定。

辅导对象集体观看十六次活动集锦

本次结束活动是诗朗诵——《变老的时候》，背景音乐播放的是张毅的《下雨的时候》。可能是诗的内容与他们现在的生活状态息息相关，引起了他们内心的强烈共鸣，因而他们在朗诵时感情表达得非常充沛。之所以选择这首诗，不仅是要紧扣主题地结束本次活动，更重要的是诗的内容仿佛就是积极的老化态度宣言，相信这个宣言能激励他们从容自在地变老。

朗诵诗词《变老的时候》

七、辅导后反思

本次“老化态度”主题活动，我们采取的是直面主题，从意识层面思考、讨论主题的进行方式，其理由是经过前十六次活动，通过游戏、绘画、怀旧、心理剧等技术，已经“润物细无声”地影响了辅导对象的潜意识，我们认为到了唤起他们潜意识意识化的时候了。通过主要活动“您如何看‘老’?”专题讨论，我们发现辅导对象在本次活动中分享的内容更丰富、更具体，在对“做老人的好处”这一问题的讨论中，辅导对象纷纷用自己的切身经历发自内心地分享了做老人的好处。我们认为通过十七次的团体辅导，在辅导对象的认知中已经注入了活力，这是令我们欣慰的地方。

本次的热身活动“超级口香糖”游戏，辅导对象依然如第十六次活动一样，玩得兴奋、玩得快乐，我们设计的被孤立、被抛弃的丧失感依然没有人表现出来，这一方面也许是老年人的特点（看淡成败，接受甚至享受孤独），另一方面也许是我们团体辅导的效果（对变化报以积极乐观的认知及情绪）。

活动十八　让我们齐珍重——应对方式主题

一、活动理念

应对是一种包含多种策略的、复杂的、多维的态度和行为过程。应对方式又称应对策略，是个体在应激期间处理应激情境、保持心理平衡的一种手段。我们的辅导对象在经历了十七次(每周一次)的团体辅导后，他们已经形成了每周要来团体辅导活动室一次的习惯。本次团体辅导是最后一次活动，就像奥运会点燃的圣火在燃烧到规定的时间后，到了该熄灭的时候了，这可能会使辅导对象产生心理应激。因此，本次团体辅导我们以应对方式为主题，首先进行“我的感言”活动，以座谈会的形式让辅导对象敞开心扉，交流团体辅导的所获、所思、所感，从而获得理解、在意、关注和支持，这一做法本身就是一种应对策略。在应对策略中，我们认为首要的策略是保持情绪的稳定。因为当一个人处在应激的状态下，大脑边缘系统的杏仁核首当其冲地进行反应，引起焦虑、不安、愤怒、惊恐等情绪表现。所以第二个环节是“海洋之旅”，我们采用舞动治疗技术中以海洋为元素的舞动减压、舞动舒缓情绪技术让辅导对象在舞动中放松身心，稳定情绪。最后，我们采用“红线牵手”活动进行收官。“红线牵手”是非常有仪式感的活动，全体辅导对象围圈双手牵着一根红线，意喻大家心手相连，团结一心，相互支持。然后从每人牵着红线的双手处剪断红线，将红线系在自己的手腕上，意喻团体辅导活动结束，大家带着团体辅导的收获积极地走向未来。

二、活动目标

(1) 带领辅导对象通过对前十七次团体辅导的座谈回顾，畅谈团体辅导心得体会，评估团体辅导效果。

(2) 创设情境使辅导对象活动身体、放松身心、抛弃烦恼，积极面对未来。

(3) 通过富有仪式感的活动，增强团体的凝聚力，处理分离焦虑。

三、活动道具

海蓝色帆布(150 cm×500 cm)4 块,海蓝色纱布(150 cm×500 cm)2 块,海洋球(大、中、小号)50 个左右,红丝带 15 m 左右,小剪刀 1 把。

四、活动设计

活动名称	活动目的	活动时间	备注
我的感言	带领辅导对象通过对前十七次团体辅导活动的回顾,畅谈团体辅导心得体会,评估团体辅导效果。	50 分钟	
海洋之旅	创设情境使辅导对象活动身体、放松身心、宣泄负性情绪,以积极的心态面对未来。	30 分钟	设景(大海环境)。
红线牵手	通过仪式感的活动,增强团体的凝聚力,处理分离焦虑。	10 分钟	

五、活动方案

(一) 热身活动:我的感言

活动目的:带领辅导对象通过对前十七次团体辅导的回顾,畅谈团体辅导心得体会,评估团体辅导效果。

活动规则(该活动为全员活动):

(1) 全员(包括辅导对象及辅导团队成员)围坐成一个大圈。

(2) 每位辅导对象逐一分享团体辅导以来的感受、收获及思考。

(二) 主要活动:海洋之旅

活动目的:创设情境使辅导对象活动身体、放松身心、宣泄负性情绪,以积极的心态面对未来。

活动步骤(该活动为全员活动,具体规则在活动中呈现):

(1) 全员进入“大海”(在前面多次团体辅导中辅导对象已经了解了这一设景技术),在主持人的带领下做全身放松。

(2) 辅导对象进行“海底世界”探索。

(3) 主持人指导辅导对象调适情绪,应对烦恼。

注意:整个活动中播放背景音乐《梦幻时光》。

“海洋之旅”指导语

在我们的面前有一个海洋,这个海洋是巨大的、包容的,可以包容所有不好的、负面的东西。

每个人都脱掉鞋子,进入到这个巨大的、包容一切的海洋当中。我们先来感受一下这个海洋,您可以用任意的方式去感受,可以随意地走动,随意地舞动身体,您可以躺在上面、趴在上面,可以闭着眼睛,也可以睁着眼睛。现在,请您感受一下海水的温度,用自己喜欢的方式(摆一个动作或者做一个表情)去感受一下这个海洋。

接下来请每一位成员都用一个姿势或者动作把自己此时此刻的心情或状态,或者是对海洋的感受表达出来。

现在让我们每个人都躺进去,慢慢地闭上眼睛。

想象一下在海洋中,就像躺在妈妈的子宫里,既温暖又安全。在妈妈的子宫里面,通过一根脐带去汲取营养,您感到非常地温暖和安全。您可以感受到妈妈的爱,那无限宽广、包容的爱。

您在这个海洋子宫里面,去感受自己的呼吸。您用鼻子吸气,慢慢地用嘴巴吐气,做一个深深的呼吸。您可以感受到气息进入自己的身体以后,将您的肺部充满的感觉;您可以感受到伴随着呼吸带来的养分被传递到您身体的每一个细胞、每一根血管、每一个器官、每一个角落。

在这个海洋子宫里,您的头脑非常的清醒;再感受一下脖子,您的脖子非常地放松;继续感受一下肩膀,您的肩膀可能还承受着一些压力,有些沉重,不过没关系,现在让我们暂时放下肩膀上的担子,让自己变得轻松些;继续感受一下您的双臂,您的双臂越来越放松;感受一下您的胸部,感受着胸部随着呼吸不断起伏的节奏,感受到您的呼吸无比的顺畅,再也没有什么东西能压倒您;继续感受一下您的腹部,在这里您能感觉到无比的温暖,感受到体内迸发出源源不断的能量带给您的温暖;接下来感受一下您的脊椎、背部,感受着海洋母亲拥抱着您身体的温暖,您感到无比的踏实、无比的安全;接下来,感受一下您的腰部,腰部是我们身体的中转站,连接着我们的上身和下身,请您和它说一句:“谢谢你,我的腰,你辛苦了。”请您想象着海水轻抚过腰际,带来无比温柔的感觉;您静静地感受着,您的臀部感觉到从未有过的轻松;继续感受一下您的双大腿、双膝关节、双小腿和双踝关节、双脚、脚后跟、脚掌和脚指头,您体会到它们每天给予您行走的力量,也感觉到它们的疲惫，现在让它们好好地放松一下吧！让它们好好地休息一下，让它们不再那么疲惫；请您感谢一下它们，感谢它们陪伴您走过那么长的路！现在，请您感受一下它们的回应，它们要继续陪伴您走向未来；最后请您感受一下双脚浸泡在海洋当中，那舒服而又温暖的感觉。现在我们身体的每一个部位都感到非常非常的放松，特别特别的舒服。

您现在想怎么躺就怎么躺、想怎么睡就怎么睡。因为您很安全、很舒服。您现在可以动一下您的双臂，让它很舒服地伸展开，可以向上，也可以向旁边伸展。因为在海洋里面空间是无限大的，不会被任何人、任何东西所阻挡。现在您可以动一动双腿，蹬一蹬或者抬一抬，扭一扭腰，用您最舒服的方式扭动。您现在感到无比的放松，无比的温暖。

您可以翻滚，像海浪一样翻滚。现在请您想象一下在海洋里畅游，您可以不断地变换自己的游泳姿势，您可以蛙泳、仰泳、自由泳。您可以往前游也可以往四周任何一个地方游，因为在海洋里，有无限大的空间，就像您在妈妈的怀抱里，非常舒服，非常安全。

现在您需要用自己的身体慢慢地坐起来。现在大家可以用自己的方式在海浪中起来，您可以通过扭动身体让自己坐起来，也可以跪起来。

现在大家可以站起来了。如果您还不愿意起来，没有关系，我们可以耐心地等您，您觉得在这里很舒服，可以坐着继续感受身体，可以再享受一会儿。而当您准备好了就可以站起来。您可以动一动身体，转一转，滚一滚，用滚动的方式让自己慢慢站起来。

好了，现在我们所有人都站起来了。

请大家慢慢睁开眼睛，与海浪共舞(大家共同扯开身边的海蓝色纱布双臂上下舞动)起来。

现在我们可以去海底世界探索一下(此时，主持人先进行示范，钻进大家舞动着的海蓝色纱布下面，从一头边说边舞，缓缓移动到另一头，然后再回到起点，接下来，鼓励辅导对象每位都进去体验一下，跟自己意象里的海底动物打一下招呼)，您可以是大海中穿梭的小鱼，也可以是一只大海龟，还可以是一头小海豚……请您尽情地发挥想象力，与您见到的海底动物、植物打个招呼，跟它们说说话。我们可以轮流来，您可以一个人进去，也可以同时几个人一起进去。但是要注意安全，注意相互不要撞到了。

您在海底世界看到了什么？感受到了什么？请您记住这种感觉。(此处请2～3位辅导对象做一句话分享)

好！现在让我们再次与海浪共舞(蓝色纱布继续上下舞动)，我们可以掀起一层又一层的浪花，将海浪舞动的美展现出来。

现在海浪中进入了一些困扰我们的东西，比如烦恼、负性情绪(此时，主持人及辅导员向舞动的蓝色纱布上面抛进去几个海洋球)，请您感受着它随着我们的节奏在海洋中舞动的感觉。让我们想一想,什么是我们最烦恼的、最想要抛弃的东西。

在舞动的过程中注意不要让海洋球跳到海浪外面。我们要掌握好海浪波动的节奏,与海浪共舞,让海洋球在海浪中舞动。当我们掌握好节奏的时候,海洋球就会在海浪中翩翩起舞,与海浪自如地在一起。

现在让我们每个人都拿起一个、两个或者更多的海洋球。继续让我们的海浪舞动起来。现在请您闭上眼睛再仔细地想一想,什么是最困扰您,令您最烦恼的东西?我们可以将最困扰我们的东西都汇集在这些海洋球里面,然后将海洋球抛进大海中。这个大海是无限包容的,您可以在抛的过程中大声说出最令您烦恼、最困扰您的东西是什么?同时表明您的态度,比如说:分手吧,烦恼!滚蛋吧,发火君……

这些让我们很烦恼、很困惑的东西都已经被抛进了大海当中,随波荡漾,我们看着它有规律地在这片海洋中流动着,让它慢慢地、远远地飘着飘着,我们的烦恼与困惑就被融进了这片广袤无垠的大海中了,它们已经离开了我们,与海洋共生存了。我们要像善待海洋一样地善待这些烦恼、困惑。现在,大家跟随着我一起,慢慢地、慢慢地让海浪平静下来(全员停止舞动蓝色纱布)。

我们慢慢地、慢慢地收起来(全员手扯着蓝色纱布移步从四周往中间集中,将海洋球包裹起来),把我们最烦恼、最困惑的东西埋藏在海底,让它沉下去、沉下去(将"包裹"放到角落里,放到辅导对象的背后,眼睛看不到的地方。但要放在脚下铺着的海蓝色大帆布上,意喻埋进了海底)。现在我们已经完全看不见它了,它已经跟这片海洋融为一体了,它慢慢地到达了海洋的最深处,慢慢地离我们远去。

好!现在我们大家围成一个大圈,手牵着手闭上眼睛。我们刚才已经将自己的烦恼与困惑抛进了包容一切的海洋深处,现在我们的内心只有平静、只有爱,只有波浪带给我们一点点的荡漾的感觉。深呼吸,慢慢地睁开眼睛,放开手,原地坐下,让我们来畅谈一下这次海洋之旅的感受吧!(每位辅导对象说一句话的感受)

好,今天的"海洋之旅"就到这里。最后让我们用自己的方式来结束"海洋之旅"。每位想一个姿势或者动作可以代表您此时此刻的心情或者状态的,或者可以代表在这个过程中您的感受的。来,一起做出自己的动作吧!

注意:本活动不像其他活动可以在活动前向辅导对象介绍清楚活动规则,所有的规则都要在活动进行中由主持人及辅导员先展示,然后带领辅导对象共同来做。所以进行这个活动,辅导者们一定要提前做好预演,辅导者的展示要与辅导对象的参与无缝对接。

(三)结束活动:红线牵手

活动目的:通过仪式感的活动,增强团体的凝聚力,处理分离焦虑。

活动规则:

（1）全体辅导对象围成一个封闭的大圆圈，每位辅导对象两臂平举，共同牵着一根红线（红线的长度等于辅导对象围成的圆圈的周长），每位辅导对象讲一句分别感言。

（2）从每位辅导对象牵着红线的双手末端剪断红线，每位手中会留下一段红线。

（3）每位辅导对象将红线系在自己的手腕上。主持人宣布十八次团体辅导活动圆满结束。

活动十八教学课件

活动十八精彩回顾

六、活动总结

（一）老年人在热身活动中的表现

十八次团体辅导活动历时四个多月（每周一次），相信每位辅导对象都会有自己满满的体会和收获。所以，在最后一次的团体辅导中，我们要给辅导对象提供这样一个畅所欲言的平台，给大家一个交流感情、分享感受与经验的机会。

离别座谈

本次活动拉开序幕的是Z女士的诗朗诵——《老了》。随后S先生饱含情感地背诵了《变老的时候》；L先生不甘示弱地背诵了《再别康桥》；G女士动情地朗诵了《生命不会老去》；C先生用充满童真的声音演唱《我在马路边捡到一分钱》；H女士的《友谊之歌》瞬间打动了在场的所有人，大家情不自禁地合唱起来，四个多月建立起来的感情此时用歌声来表达真是胜过千言万语！

有人用表演的方式分享，一定也有人用言语来分享。有辅导对象分享了参加团体辅导活动以来自己的变化，认为团体辅导活动颠覆了她的认知，改变了她的看法，整个人都变了；还有辅导对象表示脾气变好、学会放手、想要规划如何优雅地老去等，团体辅导活动的成效在慢慢地展示了出来。除此之外，辅导对象们还表达了对于我们辅导团队的感谢。

诗朗诵——《老了》

诗朗诵——《变老的时候》

“我觉得我现在的情绪稳定多了，以前总是很暴躁。”

“我在马路边，捡到一分钱……”

“孙子说我参加这个活动之后整个人都变了，他很喜欢现在的我。”

“白发苍苍晨晨迟，桃李几载贵人师。”

(二) 老年人在主要活动中的表现

“海洋之旅”有三部:放松减压、自我探索、烦恼应对。在这一活动中,辅导对象们自然而然地想起了我们之前活动中的歌曲——《大海啊,故乡》,大家一边放松一边情不自禁地唱了起来。

蔚蓝的“大海”,翻滚的“海浪”,大家积极地营造着“海洋”,陶醉在其中,将烦恼都抛进了“大海”中,脸上充满着笑容。接着,大家又都化作海底的动物,与海底的“朋友”们互相打招呼。可能在团体辅导活动开始之前大家都没想过会有这么多的改变,认识这么多新的朋友。

最后,大家围成一圈,手拉着手,要用一句话总结活动感受时,有辅导对象表示要把烦恼放下,也有辅导对象很投入地说:“我是海里的一滴水,永远不干涸。”

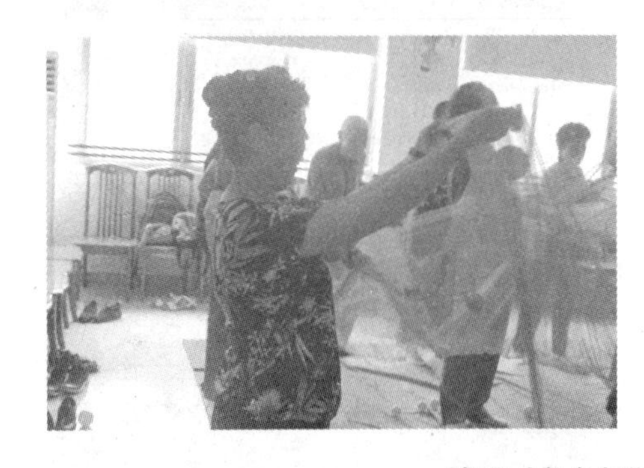

辅导对象参与“海洋之旅”活动

(三) 老年人在结束活动中的表现

“红线牵手”是本次团体辅导、也是本期团体辅导(十八次团体辅导)活动的最后一个环节。当一根红线将大家紧紧地牵在一起的时候,可以用心潮澎湃来形容他们的心情。当红线被剪成一段段,每人拿着其中一段的时候,大家的不舍和彼此的依恋都写在脸上。所以在一位辅导对象的带领下，大家纷纷将红线系在了手腕上。这一富有仪式感的“系红线”环节，为我们的团体辅导活动画上了圆满的句号。

十八次团体辅导的效果评估，我们觉得不是在现在，而是在未来！

“人在江湖，身不由己；人在婚姻，爱不由己。人在单位，事不由己；人在官场，话不由己。人在世上，命不由己；享受生活，善待自己。”

“我是海里的一滴水，永远不干涸。”

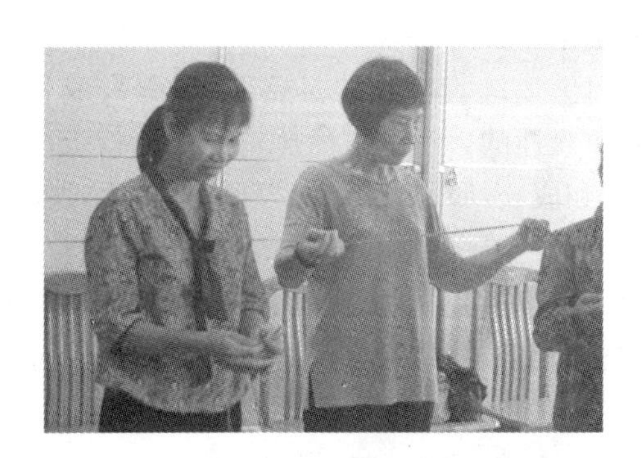

“红绳剪断，把回忆带走。”

“红绳成结，情谊永留心中。”

辅导团队成员（部分）与辅导对象（部分）合影留念

七、辅导后反思

十八次团体辅导活动圆满落下了帷幕，在这四个多月的活动中，有很多不尽如人意的地方，如活动场地不够大、幻灯片播放屏幕太小（老人们看起来很吃力）、活动时间受限制（一方面以课程的形式来做团体辅导，时间上严格把控，这本身就破坏了团体辅导的动力性；另一方面老人们也总有事情，时间一到就要离场，这样一来，每次都会有人提前下课，也影响了他们参与活动的完整性），以及出勤问题。老人们来到老年大学学习以消遣、打发时间、交友为主，兼学知识、技能。旅游是老年人的一大爱好，遇到旅游淡季、游费便宜的时候，他们就结伴旅游去了。所以老年大学学员的出勤率是很少有满勤的。在我们这个团体辅导班里只有两位女士（W女士和H女士）是全部出勤的，并且不迟到、不早退，完全履行了对团体辅导的承诺。当然，我们的方案设计有许多要改进的地方，我们要设计出更贴合老年人生理、心理特点，更满足老年人需求的活动方案来。

在这四个多月的团体辅导活动中，我们更多地收获到的是感动、温暖及成就感。我们设计的一个个方案是深受辅导对象欢迎的。在本次团体辅导的座谈会环节，大家都分享了自己在团体辅导中的改变和成长，我们能够感受到他们的真诚及中肯。

老年人表达性艺术团体心理辅导结束了，但是，我们对老年人的关爱行动不会结束，对老年人心理辅导的内容及方式的探索也不会结束，我们将继续努力，永远在路上。

辅导心得

从第一节课开始

从第一节课开始，同学们在老师的启发下用幽默、动人的肢体语言进行自我介绍，课堂气氛一下子活跃起来，我对表达性艺术心理辅导课程有了兴趣。“致敬故人”活动在老师的指导下，同学们用套娃分别代替不同年龄辈分的先人，一个代表自己，对“逝者”吐露心声，寄托思念。课堂立显肃穆、安静，感觉人生多了一份感悟。十八周的每一节课都有不同的形式和内容。令我印象深刻的活动有用画笔画下少年时期的校园生活、儿童节全体师生戴上了红领巾、集体唱队歌、大家手拉着手随着音乐跳起了集体舞，心里感到暖暖的。还有回忆自己印象最深刻的一张照片的活动，要用各种道具(五颜六色的长布、各式各样的抱枕、桌子、椅子、杯子、包等)和人体把照片的场景摆出造型来，我的脑海中立刻出现了自己青年时代到农村的广阔天地锻炼的情景。我的组员也基本上是我的同龄人，同学们一下子焕发了青春活力，大家用肢体动作摆出了当年胸怀壮志的造型(注:指的是让回忆舞起来——认知力训练主题)。最激发灵感和创意的是在课堂上每人自选三张图画扑克牌(注:指的是“中华神话塔罗牌”)，在短短的时间里根据想象编成一个故事表演出来供大家欣赏(指的是让心灵去畅游——生命意义主题)。果然同学们脑洞大开，都编出了自己的故事，大家在小组里分享自己的故事，我们都听得津津有味。我讲的故事被我们小组推荐出来做演出，这样，我就当上了编剧和导演。我一边即兴地串词、解说，一边选演员，指挥布景，我们组的组员热情非常高涨，演员们用不同的“服装”(用各色长布装扮)、“兵器”(几根装饰棍)把扑克牌呆板的画面用跨越时代、穿越古今的生动形式表演出来，气氛热闹非凡。还有令我印象深刻的两次活动，一次是用蜡泥(注:指的是蜂蜜蜡，是让双手动起来——生命意义主题)捏出一个个栩栩如生的动物、不同颜色的瓜果；另一次是摆出一年四季的景色(注:指的是“四季桌”活动，是让季节驻心田——生命教育主题)，同学们可真是心灵手巧啊！我选择的是夏天组，我们小组成员用红色系列的长布摆出夏天的火热场景，我们又用蓝色布衬托在下面，表现出夏天我们组团去海边旅游的场景。在介绍我们组的作品时，我们情不自禁地演唱《外婆的澎湖湾》，这个活动的现场气氛可以说是“一浪高过一浪”。

随着时间的推移，内容丰富多变，学习气氛更加浓厚，师生关系越来越融洽，配合更默契。表达性艺术团体心理辅导课的最后一节课的座谈会上，同学们敞开心扉，认为短短的十八周课程，使大家重新焕发了活力，对人生充满了热爱，人老心年轻。这一切，来源于我们有一个好的老师团体。上好这些课是不容易的，老师们从每一节课的内容设计、编排、辅助道具以及资料的准备是那么认真细致。每一节课老师们都提前到教室等待同学们。耐心、细致、风趣是他们的教学特点，如亲切和蔼的罗教授是那么多才多艺，年轻的老师们参与我们活动时是那么活泼可爱，使我们感受到老少同堂没有代沟，还有从台湾来的黄博士，给同学们的印象是幽默、充满亲和力的开心果。八十多岁的叶老先生在女儿的陪同下坚持上好每一节课，从这里可以体现出课堂的吸引力。学期要结束了，同学们都有一种依依不舍的情感。老师们为我们付出的辛劳和心血同学们是清楚的，授课时间有限，老师辛勤的付出是无限的。座谈会上，刘老同学还动情地唱起电视剧《渴望》的主题曲，引起了一轮大合唱，表达出对老师们的敬佩之情，大家表示要珍惜当下，过好每一天。感谢老师们陪伴着我们这个班度过了一段温暖的时光。

2020 年疫情来势突然，情况严重，为响应政部门的倡议，清明不外出实地扫墓。我们在家里摆设了先人的遗像，用各种颜色的鲜花进行祭拜。这种形式就是借鉴了表达性艺术团体心理辅导班的“致敬故人”活动。在家里祭拜祖先，既环保又情真，形式简洁，心里安然。

辅导班学员
何国玲
2020 年 6 月 26 日

永恒的回忆

参加表达性艺术团体心理辅导班的课程学习已经过去一年了，但是，课程中的许多内容我还清晰地记得。记得在开课的第一天，我说过我是冲着高水平的授课团队——博士教授组合而参加的。其实还有一个原因是，此班招收的学员年龄限于 60 周岁以上的人群，经上网查阅此年龄段的群体在中国人口占比达 17.9%（2018 年的统计），中国已经进入老年化社会，故对这个群体有必要进行探索和研究。

围绕这个问题，我深深体会到这个授课团体无论在课程设置、授课方式上都紧跟时代的发展，针对老年人的心理，运用看似简单的游戏、诗朗诵、大合唱等形式，再加上必要的道具，在短短一学期时间就收到很好的效果。

60 周岁以上老年人面对的是年岁渐长、反应迟缓、体弱多病，还得承受来自各方面的压力。在课程设置上围绕以上问题，老师们在每一次授课中都通过热身活动、主要活动、结束活动解决相应的心理问题。在诸多课题上，给我印象最深刻的、最值得赞赏的是辅助道具的运用（彩笔、纸牌、各色绸布等），最大限度地调动了我们的创造力和表现力，通过发挥集体的力量完成一个个主题。其次令人称赞的是，授课团队中无论博士、教授还是辅导员（注：辅导员由应用心理学专业大三年级的学生担任），个个多才多艺、风趣，且与我们都很默契。我印象中第一次课程要求用肢体语言介绍自己的名字（注：指的是让世界充满爱——团队建设主题中的“姓名操”活动），罗教授循循善诱，不厌其烦地说“想想，再想想”，这句话在我脑海中留下了深刻的印象，启发着我以后在思考问题和采取行动时要用心、要自信。还有一个令我印象深刻的活动是黄教授带领我们做智力游戏“青蛙跳下水”活动，激活了我们的大脑（注：指的是让季节驻心田——生命教育主题），对我们的反应能力是一种很好的刺激，也使我从此对此类游戏特别感兴趣，对于微信群中但凡涉及猜谜、猜成语、算数学题等活动都会特别上心。这种活动脑子的方法比药物更胜一筹。

最令我难以忘怀的一次活动是唤起了我们对“六一”儿童节的回忆（注：指的是让童年记忆飞——老化态度主题）。那次活动老师们给我们每位学员都戴上了红领巾，集体列队行少先队队礼，玩我们童年时代的游戏，如丢手绢和跳大绳等，在欢笑舞动中，我和我的同学们忘记了年龄，丢开了烦恼，好像回到了儿童时代。在看了“六一”儿童节那次活动的视频回顾后，更是感触良多。我觉得我们这一代人知足、乐观的性格的形成，是同社会制度、生活环境和时代特色相联系的。那时没有高级的玩具，没有良好的活动场所，但我们因地制宜，一条小手绢、一条粗糙的绳子、一支廉价的彩笔、几首老师教的儿歌，我们就玩得那么开心、那么尽兴，真是越简单越快乐呀！简单的快乐既能激发起我们对美好生活的憧憬和对疾病的积极乐观的心态，又使得我们在这次疫情期间能正确面对，安于家中，不吵不闹，自得其乐，以健康向上的心态迎来疫情的阶段性胜利。我们为能生活在此制度的国家而自豪。

一滴水可以照见太阳的光辉，虽然只是短短四个月的学习，但感觉收获颇丰，永恒的回忆，终身受益。

辅导班学员
吴绮华
2020年7月20日

参考文献

[1] 陆雅青.艺术治疗[M].台北:心理出版社,2002.

[2] 侯祯塘,吴欣颖,李俊贤.团体艺术治疗活动对国小儿童之同侪关系影响[J].台湾艺术治疗学刊,2010,2(1):87-105.

[3] 高慧,闫妍,陆如平.团体表达性艺术治疗对慢性精神分裂症患者的疗效对照研究[J].中国健康心理学杂志,2016,24(3):340-342.

[4] 王霞,宗呈祥,满振萍,等.团体表达性艺术治疗对护士职业倦怠干预效果的应用[J].中国健康心理学杂志,2017,25(8):1216-1220.

[5] 陈丽峰.表达性艺术疗法在心理治疗中的整合运用[J].黑河学刊,2011(12):17.

[6] Hussain S. Art therapy for children who have survived disaster[J]. AMA Journal of Ethics, 2010,12(9):750-753.

[7] 龚鉥.艺术心理治疗[J].临床精神医学杂志,1994,4(4):231-233.

[8] 陆雅青.艺术治疗:绘画诠释从美术进入孩子的心灵世界[M].重庆:重庆大学出版社,2013.

[9] Adler-Collins J K. Creative Connection: Expressive Arts as Healing[J]. Journal of Psychiatric and Mental Health Nursing,2007,14(8):826.

[10] 柴永鹏.非结构式团体咨询对大学生自尊水平的干预研究[D].武汉:华中师范大学,2016.

[11] 万艳艳.希望支持在老年患者心理护理中的应用[J].当代护士(下旬刊),2018,25(3):102-104.

[12] 陈立新,姚远.社会支持对老年人心理健康影响的研究[J].人口研究,2005(4):73-78.

[13] 陈长香,冯丽娜,李淑杏,等.家庭及社会支持对城乡老年人心理健康影响的研究:以河北省城乡老年人调查为例[J].医学与哲学,2014(2):30-33.

[14] 王海芳,李鸣.团体心理治疗对住院癌症病人的疗效[J].中国心理卫生杂志,2006(12):817-819.

[15] 索梦弦.萨提亚团体辅导对支教大学生自我概念的干预研究[D].兰州:兰州大学,2018.

[16] 朱卫扬.提升老年人心理健康水平的策略[J].湖北函授大学学报,2018,31(8):114-115.

[17] 徐玲.老年人心理健康及其影响因素的分析[J].忻州师范学院学报,2017,33(1):125-130.

[18] 王大华,肖红蕊,祝赫.老年人心理健康服务模式探讨:社区层面的实践与解析[J].老龄科学研究,2014,2(12):59-65.

[19] 殷华西,刘莎莎,宋广文.我国老年人心理健康的研究现状及其展望[J].中国健康心理学杂志,2014,22(10):1566-1569.

［20］ 马静怡.老年抑郁、焦虑与认知功能的现状、影响因素及其关系研究[D].临汾:山西师范大学,2014.

［21］ 陆杰华,南菁,黄鹂.我国高龄老年人睡眠质量影响因素的实证分析[J].人口与社会,2015,31(3):7-18.

［22］ 曾子秋.从未言说的关爱:家庭联合辅导中"家庭雕塑"的运用[J].职业教育(下旬),2018(7):49-50.

［23］ 翟清菊,蒋建勋.高职院校大一学生的自我探索状况调查与辅导研究:基于杭科院城建学院大一新生的实证研究[J].西部素质教育,2018,4(20):85-86.

［24］ 史蕾.怀旧治疗对机构养老老年人抑郁症状及生活质量的影响[D].广州:南方医科大学,2007.

［25］ 乐燕,陈远园.结构式团体怀旧对老年人抑郁症状与生活满意度的影响[J].中国现代医生,2013,051(5):110-112.

［26］ 蒋中华,杨玉明,国卉男.老年生命教育的理性思索与拓展路径:基于上海市静安区的调研[J].开放学习研究,2019(5):55-62.

［27］ 华国萍.社区教育中老年心理保健应重视树立正确的生死观[J].才智,2018(9):215.

［28］ 卢晓靖.生命教育现实价值探析:以老年服务与管理专业学生为例[J].现代交际,2019(19):3-4.

［29］ 顾颖.重塑生死意义点亮生命之光:老年生命教育个案服务案例[J].中国社会工作,2019(17):38-39.

［30］ 邓旭阳,桑志芹,费俊峰,等.心理剧与情景剧理论与实践[M].北京:化学工业出版社,2009.

［31］ 王建芳,周建红,马修强.社区空巢老人抑郁状况的影响因素分析[J].解放军护理杂志,2014,(18):19-22.

［32］ 王玲凤,城市空巢老人心理健康状况的调查[J].中国老年学杂志,2009,29(22):2932-2935.

［33］ 严丹君,俞爱月.老年人焦虑、抑郁和生活满意度及相关性[J].中国老年学杂志.2011,31(10):1847-1848.

［34］ 韩燚,卢莉.老年人心理健康状况比较研究[J].中国医疗前沿,2011,6(2):95-96.

［35］ 国务院办公厅.国务院办公厅关于印发老年教育发展规划(2016—2020年)的通知[J].中华人民共和国国务院公报,2016(31):28-32.

［36］ 唐丹,燕磊,王大华.老年人老化态度对心理健康的影响[J].中国临床心理学杂志,2014,22(1):159-162.

［37］ 李琼.老年人生命意义、死亡态度和主观幸福感的关系研究[D].西安:西北大学,2012.

［38］ 姜娜,尚少梅,李国平,等.老年人生命意义感及其影响因素[J].中国老年学志,2018,38(20):5104-5107.

［39］ 王春媛.老年人的健康自评、生命意义与生活满意度的关系研究[D].哈尔滨:哈尔滨工程大学,2015.

［40］ 刘怡萍.老年人的老化态度及其影响因素研究[D].南京:南京师范大学,2015.

［41］ 马颖,李雯雯,刘电芝.国外积极情绪"拓延-建构"理论及其对教育的启示[J].宁波大学学报(教育科学版),2005,27(1):23-26.

[42] 樊星.老年人参与学习活动与主观幸福感的相关性研究[D].上海:华东师范大学,2009.
[43] 王琼宇,李凌波,邓铸,等.老年人的老化态度与认知老化的关系[J].心理技术与应用,2016,4(6):336-343.
[44] 王冬华,刘伟,喻自艺,等.农村老年人老化态度现状及影响因素研究[J].护理学杂志,2018,33(16):86-89.
[45] 程乐华,卢嘉辉.心理套娃:一种新型投射测量和咨询工具[M].上海:华东师范大学出版社,2012.
[46] 申荷永.团体动力学的理论与方法[J].南京师范大学学报(社会科学版),1990(1):101-105.
[47] 刘诗祺,秦思,白惠琼,等.怀旧疗法对成都市养老机构老人孤独感的影响[J].中国老年学杂志,2018,38(9):2241-2242.
[48] 李菲,汪莉,刘丽萍,等.个体怀旧疗法联合认知训练在早期认知障碍老年人中的应用及效果评价[J].微创医学,2018,13(6):726-742.
[49] 梁小利,彭思涵,杨玲娜,等.成都市老年人的心理健康状况及影响因素[J].中国老年学杂志,2019,39(18):4603-4605.
[50] 蒋楠楠,谢晖,钱荣,等.城市老年人孤独感的研究进展[J].中国老年学杂志,2019,39(4):1006-1008.
[51] 姚若松,蔡晓惠,蒋海鹰.社会支持、自尊对老年人心理弹性和健康的影响[J].心理学探新,2016,36(3):239-244.
[52] 赵丹凤.神话原型心理剧模型效果研究[J].课程教育研究,2017(6):217-218.
[53] 胡琳,郜春霞.心理剧应用于老年人心理健康维护的探讨[J].商丘职业技术学院学报,2012,11(6):26-27.
[54] 廖敏,曾丝霞,文婷婷,等.老年大学老年人老化态度现状及其影响因素分析[J].长沙医学院学报,2019,17(3):31-35.
[55] 郭小艳,王振宏.积极情绪的概念、功能与意义[J].心理科学进展,2007(5):810-815.
[56] Vorginia S,等.萨提亚家庭治疗模式:2 版[M].聂晶,译.北京:世界图书出版公司,2007.

后　　记

光阴荏苒，岁月如梭。转眼间，我们团队进行的一期（共18次）老年人表达性艺术团体心理辅导活动已经过去一年了。在这一年里，我们的辅导对象的身体健康状况、心理健康状况、学习生活状况如何呢？为此，我们在老年人团体辅导班的微信群里发出了邀请，请他们谈一谈团体辅导后一年里的心路历程，尤其是在疫情期间的身心状况。我们希望他们能够通过微信群、电子邮件等形式交流一下个人故事。但是，我们只收到了几位辅导对象的回复，大多数人对我们的邀请没有回音。其实，他们的表现是在我们的意料之中的。对于绝大多数老年人而言，组织活动让他（她）参加，他（她）会很乐意；而让他（她）谈一谈对某事物的观点和看法，都会很勉强；关于写出个人故事，则更会非常为难甚至不愿意。所以，我们又对20位辅导对象逐一打电话进行采访。我们只打通了不到10位辅导对象的电话，其他辅导对象的电话我们打了很多次都不接听，估计这是老年人的谨慎心理吧？不接陌生电话。下面，我们把这9位辅导对象的团体辅导心得体会及电话采访纪要呈现出来。为了表达我们对这9位辅导对象的尊重及敬意，征得他们本人的同意，以他们的实名发表出来。

高端良："今年疫情使我们更好地认识到人生意义。健康第一，心理健康更重要！去年的十八次团体辅导给我带来的感受是，应对各种事情都有心理准备了，以不变应万变！"

覃若林："疫情开始我们还是有些恐惧，因为我们已在易感人群之列。后来看到国家都在积极抗疫，调拨了大量的人力、物力支援武汉，对老人家无微不至地照顾，我们慢慢平复了心情。回想起上课的经历，我会找一些事做，来分散注意力，我在家经常会哼起儿歌，做20世纪70年代的广播体操，学做一些烘焙，虽然是两位老人在家，品尝着也是有滋有味，时不时会在'朋友圈'上分享。唯一担心是，曾经买惯的小食店是否会再开业？因为疫情让我们成长了，面包、蛋糕、肠粉、包子都会做了。"

陈志林（电话采访）："参加心理辅导班，我的心情开阔了一点。以前对儿孙好发脾气，也好斤斤计较，但现在对一些事情看得很开，也不把钱财看得那么重要了。疫情期间，我很听话地待在家里，不给年轻人添麻烦。现在坚持每天跑步，身体很好。回想去年的心理辅导课，我就想起《往事只能回味》这首歌，它给人的感觉是感慨的，但回忆是幸福的。”

彭梅珍：“我去年上了你们的心理课，对我帮助很大。首先我心里一点都不慌，心态很淡定，相信自己会好起来的。配合医生，积极主动做功能锻炼，从 2 月 28 日到 3 月 13 日平安出院，调整了 15 天，医生说我是个奇迹！一个脑干堵塞的患者是最严重的，是不能走出医院的，大多数患者是坐轮椅出院的。而我是第一个可以走出医院的，而且我没有中风的后遗症，说话、走路都很正常，全部生活可以自理。

刘毓远：“各位老师，你们好！现简要向你们汇报此次疫情的心路历程，请指教：

(1) 了解情况积极应对。多方收集疫情防控信息，做好一切防护措施。所谓‘存心时时可死，行事步步求生’。

(2) 静中求动，适当运动。居家禁足久坐有害，因地制宜，家中做操，小区散步。

(3) 化负为正，多看喜剧。疫情严峻导致心情沉重，应用你们教授的心理疏导，唱歌说笑，多看电视上的喜剧节目。

(4) 换位思考，和谐相处。一家老小难得长时间在一起，难免出现平时不会发生的矛盾和问题，多为家人着想，求同存异，创造和谐气氛，和和睦睦，家庭幸福！”

钟琼珍(电话采访)：“回顾一年前的团体辅导活动，我还是记忆犹新、很有感触的！从开始团体辅导时的抵触情绪(觉得你们把我们当小孩一样看待，组织的活动好幼稚)到后来感受到，就是在这幼稚的环境中我们才能敞开心扉。在上团体辅导课的那个阶段(虽然我出勤不好，总有事请假)，我能把在其他地方不能随便说的话，在我们这里都讲出来，把压在心底里的话说出来，眼泪流出来。印象最深的就是那次跟逝去的亲人对话的活动(注：指的是第五次‘让生命树常青’中的‘致敬故人’活动)，我把总是纠结在脑海中的‘父亲故里的事情’(这里听得也许有误，但笔者认为这不是原则问题，就不去核实了)讲出来了，也对父亲早早离我们而去用我的方式表达出来了，我感觉从此以后我就放下了，睡眠也改善了。我的睡眠一直不好，参加团体辅导的很大程度上是为了改善睡眠，我觉得参加团体辅导后睡眠好转了一些。另外，我觉得你们的团体辅导组织得非常全面、细致，每一次活动从人员的安排、道具的准备到背景音乐的选取，再到活动内容的设计，都做得非常好！对比以前也是教师的我，只是想着把学生的成绩提高就可以了，不像你们那么细致，关注学生心态，感觉自己觉悟不高。”(笔者回应：琼珍同志，您真是太谦虚了。)

邓旭芳(电话采访)：“我是一个性子急、脾气暴躁的人。我孙女一不听话，我就对她发火，她对我意见可大了。参加这个表达性艺术团体心理辅导班，我一点一点地发生了改变，孙女说我性情变得温和了很多。我年纪轻轻就守寡了，一个人有事没人商量，自己做主，大包大揽惯了，时常会做一些吃力不讨好的事情。我记得在一次小组活动中罗教授对我说的一段话：‘不要事事都担在自己肩上，跟家人也要注意界限分明，你是你，我是我，要善待自己，对自己负责。’所以，我现在跟家人相处也好了很多。”

叶梓兴(电话采访)：“参加表达性艺术团体心理辅导班，我一直比较开心，心态好了一些。学习以后，能够正确对待老年生活，能够正确对待人生。”(注：与叶老先生电话沟通是有一定困难的！因为他今年已经83岁高龄了，听力与反应力还是不能与70岁以下的老人比，尤其是笔者用普通话与讲粤语的叶老先生沟通，也更难为他老人家了。80多岁的人能够听懂普通话实属不多，能用普通话交流就更少见了，着实令人佩服！叶老在去年的团体心理辅导活动中都是由二女儿陪伴学习的。)

熊纪平(电话采访)：“我对于去年在心理辅导班上课的有些内容现在还有印象呢！我觉得你们辅导中所用到的方法对我很有指导作用，在应对困难方面、处理事情的能力方面都强了很多，做事情的信心也有所提高。今年疫情突如其来，刚开始很慌，遇到这么大的事情有谁能不慌吗？但是，我会很快冷静下来，开始学习应对新冠病毒的防护方法，相信科学，学习国家政策，关注民生，我感觉我真的往前迈了一步。”(笔者回应：熊大姐，您永远保持着领导干部的情怀呀！)

从以上9位辅导对象的个人小短文及电话采访纪要来看，我们的团体辅导对于他们的心态、疾病观、生死观、认知水平以及应对方式都起到了调整作用。他们的共同特点是遭遇大风大浪依然保持冷静、理性的头脑，“从心所欲而不逾矩”，不慌不忙去积极应对。